JN024366

黄酒入門

ファンジョウ

著 **門倉郷史**（中国酒探究家）

料理協力 **今井亮**

紹興酒をはじめ中国地酒を約120種
製法・味の特徴・ペアリングまで

「黄酒なんて、誰もわからないよ」。

私が中華郷土料理店や黄酒専門店で働いていた
とき、幾度もそう言われました。しかも今の日本
の中華レストランは、紹興酒などの黄酒より日本
酒やワインに注力するところがほとんど。私はこ
の現状が「悔しい」というより、「もったいない」
と強く感じています。

はじめに

黄酒は他の酒にはない多彩な色合い、風味、個性
を持っています。しかし、数千年の歴史を持つ醸
造酒でありながら、そのポテンシャルは内に秘め
たまま。まさに"蕾"なのです。黄酒は今後もっと
花開く文化のはず。なぜなら私自身が、この十数
年の間にお店やイベントを通して、黄酒を楽しむ
方々が増えていくのを体感してきたからです。

日本で中国酒といえば、紹興酒をイメージする人
がほとんどです。紹興酒は世界的に有名な黄酒で

あり、日本でもひとつのジャンルとして捉えられているほど認知度が高いお酒です。それでも「黄酒」というタイトルにこだわったのは、紹興酒の枠に収まらない魅力的な黄酒があることを知ってほしいから。その多くはまだ日本に流通していなくとも「飲んでみたい」という声が大きくなれば、多様な黄酒を楽しめる環境が整っていくことでしょう。

この本は始まりです。黄酒愛好の輪が広がるにつれ、黄酒の情報はこの先どんどん明らかになるはずです。本書に掲載されている情報は、今後次々に更新されていくでしょう。日本初の黄酒入門書として、その一歩目になれることを光栄に感じます。お酒を愛する皆さん、ぜひ一緒にこの黄酒の蕾に水を与え、花開かせていきませんか。

<ruby>干杯<rt>ガンペイ</rt></ruby>！

門倉郷史（通称don）

目次

Part 3
中国本土の注目黄酒

黄酒・紹興酒の ペアリングレシピ

レシピの見方
・小さじ1は5㎖、大さじ1は15㎖です。
・野菜類は、特に指定のない場合は、洗う、皮
　をむくなどの作業をすませてからの手順
　を説明しています。
・ペアリングの黄酒は特定の銘柄酒、紹興
　酒は一般的に入手しやすいものを合わせ
　ています。

Part 1

黄酒を知る

中国最古の醸造酒といわれる黄酒とは。
その歴史や製法、分類など、
黄酒の基本を解説します。

中国全土で造られ
親しまれる土地の穀物酒

　黄酒は、糯米や黍米など穀物を主原料とした醸造酒全般を指します。その発祥は中国最古ともいわれており、4000年や9000年など、起源にもさまざまな説があります。黄酒は、浙江省や上海市などがある江南地域をはじめ、北方や南方、華中など中国国内の幅広いエリアで造られていて、産地や銘柄によって多彩な色、香り、味わいの違いを明確に感じ取ることができます。最も有名な黄酒は浙江省の紹興市で造られている紹興酒ですが、他エリアの黄酒を飲むと、紹興酒の枠に収まらない面白さにきっと驚くことでしょう。そのバリエーションの豊かさこそ黄酒の魅力のひとつであり、同じ醸造酒である日本酒やワインに勝るとも劣らない奥深さがあります。

中国最古の醸造酒

「黄酒」
ファンジョウ

紹興酒は黄酒？

紹興酒マーク
国家地理標志保護産品
を表す印で、ついてい
ないものは紹興で造ら
れていても紹興酒と呼
ぶことはできない。

紹興酒は中国国家で地理標志保護産品
として認定されている黄酒で、約2400年
前、春秋時代の文献「呂氏春秋」に記載さ
れるほど長い歴史を誇ります。紹興酒を名
乗るためには、浙江省紹興市産で鑑湖とい
う湖の水を使用すること、規定等級以上の
糯米や小麦で醸造することなど、さまざま
な国家基準が定められています。

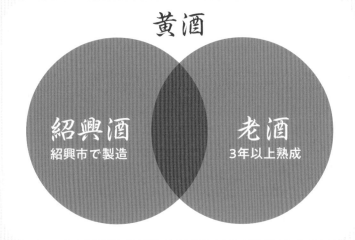

黄酒

紹興酒
紹興市で製造

老酒
3年以上熟成

老酒は黄酒？

老酒は「長期熟成の酒」という意味合い
を持っています。これは、熟成させた黄酒
全般を表す言葉でもあり、銘柄名にもよく
使用されています。中国の蒸留酒、白酒に
使用されることもあります。熟成期間に明
確な定義はありませんが、一般的に3〜5
年以上のものを指します。

中国黄酒MAP

日本の全国各地に日本酒や焼酎の酒蔵があるように、
中国にも全土にわたってその土地の黄酒があります。
この本では、4つの地方に分け、
その特色や代表銘柄を紹介しています。

烏魯木斉

新疆ウイグル自治区

甘粛省

青海省

西蔵自治区

拉薩

華中・西方

黄酒メーカーが点在しているものの、未だ謎多きエリア。黄酒という名称ではなく糯米酒や米酒として親しまれている地域もあります。白酒(中国の蒸留酒)の名産地が多いものの、米を盛んに生産する地域もあり、黄酒も数多く造られていると考えられます。情報が明らかになることで、より細分化できる地域といえるでしょう。

南方

亜熱帯気候で高温多湿なエリア。江南黄酒と同じように糯米を主原料とした黄酒が主流ですが、麹(p.12)は麦曲以外に紅曲も使用します。紅曲は糖化力が強く、腐敗を防ぐ効果もあるため、暖かいエリアでの酒造りで重宝されます。甘味やコクのある味わいの黄酒が多く、代表的な産地として福建省や広東省などが挙げられます。

黒竜江省
哈爾濱

内蒙古自治区

長春 吉林省

遼寧省 瀋陽

呼和浩特

北京市
天津市

北方

寧夏回族
自治区

黄河

石家庄

河北省

銀川

太原

西寧

山西省

済南

蘭州

西安

陝西省

鄭州

河南省

山東省

江蘇省

合肥 南京

四川省

湖北省

武漢

安徽省

上海市

重慶市

成都

杭州 鑑湖

浙江省

中国を代表する黄河が流れ、夏冬の寒暖差が激しい北方エリアでは白酒生産が盛んですが、一部では銘酒といわれる伝統的な黄酒が造られています。主原料は糯米の他、黍米や黒米など幅広く、個性的な味わいの黄酒が多く見られるのが特徴です。代表的な産地として、山東省や陝西省などが挙げられます。

貴州省

長沙
湖南省

南昌

江西省

江南

貴陽

福州

広西チワン族
自治区

福建省

台北
台湾

昆明

広東省

雲南省

南寧

広州
澳門

香港

海口
海南省

世界第三の長さの川として知られる長江の河口流域周辺は、中国ナンバーワンの黄酒名産地です。浙江省、江蘇省、上海市には著名な黄酒ブランドが数多く存在し、中国国内でもトップシェアを誇ります。江南地域の黄酒は糯米、麦曲、酒薬（p.13）を使用するものが多く、紹興酒系統の味わいが主流です。

黄酒の原材料

黄酒はさまざまな原料からできています。
その代表的な4種類を紹介します。

穀物

幅広い定義によって
味わいや色合いが多様に

酒の主原料は、日本酒は「米」、ワインは「ぶどう」のように限定されることが多い中、黄酒は「穀物全般」と幅広く定義されているのが特徴です。最も使われているのは糯米で、その他にうるち米や黍米、粟、黒米、トウモロコシなど多彩な穀物が使用されています。使われる原料が異なれば、味わいや色合いが変わるのも自然なこと。黄酒が個性豊かな醸造酒である所以は、この多種多様な原料が用いられていることにも起因しています。

曲（きょく）

黄酒を発酵させる源。
麹の役割で多様な個性を生み出す

曲は、主原料である糯米など穀物の澱粉を糖化するためのもので、日本酒でいう麹の役割を果たします。麹同様、酒造りにおいて非常に重要なもので、黄酒の個性を生み出す源といってもよいでしょう。曲にはさまざまな種類が存在しますが、最もよく使われるのは麦曲（むぎきょく）です。引き割りした小麦と水を混ぜ合わせてレンガ状に固め、発酵させてできあがります。繁殖する菌は主にクモノスカビや毛カビ、黄麹菌などです。

黄酒製造で
唯一許されている添加物
カラメル

紹興酒を中心に、黄酒はカラメルを添加することが許されています。ただあくまで目的は着色であるため、風味には影響が出ない程度の微量です。近年では、イメージを転換すべくノンカラメルの黄酒も増えてきています。

水

塩分や硬度が低く
中～弱酸性の滑らかな清涼水

上質な水源のある土地では天然水を使用し、そうでない場合は処理技術によって一定基準値以上の品質の浄水を用います。醸造用の水として求められることは、塩分や硬度が低いこと、中性から弱酸性で滑らかであること、病原微生物がないこと、無味無臭で清涼、澄んでいて透明な水質であることなどが挙げられます。特に厳しい基準の紹興酒に使われる鑑湖の水は、有機質が少なくて硬度が低く、発酵を促すミネラルが豊富です。

酒薬 <small>しゅやく</small>

甘味やアルコール度を増す
黄酒独特の糖化発酵剤

米粉とヤナギタデの粉末を水で混ぜ、団子状に丸めるようにして固めて発酵させたもの。他ジャンルの酒ではあまり見られない黄酒独特の原料で、酒母（酵母を培養した発酵を促すための液体）を造る際に用いられます。かつては白薬と黒薬の2種類ありましたが、今は白薬が使われています。原料の穀物に含まれる澱粉を糖化するだけでなく、アルコールを生成するための酵母のような役割も果たす、マルチな能力を備えた糖化発酵剤です。

黄酒の製造法

伝統的な製法を守りつつ、近代化の波も。
原料選びとブレンド工程により独特の味が生まれる

黄酒は長期にわたる発酵期間や、原料の糖化とアルコール発酵を甕の中で同時に行っていく並行複発酵（へいこうふくはっこう）で造られるなど、世界の酒の中でも高度な技術を要する醸造酒です。伝統的な製法を重んじて、甕で醸造・貯蔵しているところもありますが、近年は醸造器具が工業化し、タンクの使用やデジタル技術によるデータ管理を行うメーカーも多く出てきています。黄酒の製法はタイ

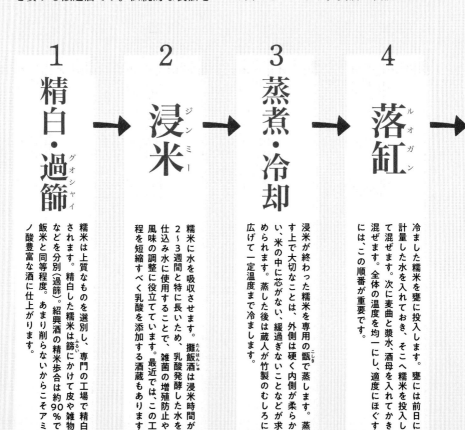

1 精白・過篩（グオシャイ）

糯米は上質なものを選別し、専門の工場で精白されます。精白した糯米は篩（ふるい）にかけて皮や雑物などを分別（過篩）。紹興酒の精米歩合は約90％で飯米と同等程度。あまり削らないからこそアミノ酸豊富な酒に仕上がります。

2 浸米（ジンミー）

糯米に水を吸収させます。攤飯酒（たんはんしゅ）は浸米時間が2〜3週間と特に長いため、乳酸発酵した水を仕込み水に使用することで、雑菌の増殖防止や風味の調整に役立っています。最近では、この工程を短縮すべく乳酸を添加する酒蔵もあります。

3 蒸煮・冷却

浸米が終わった糯米を専用の甑（こしき）で蒸します。蒸す上で大切なことは、外側は硬く内側が柔らかい、米の中に芯がない、緩過ぎないことなどが求められます。蒸した後は蔵人が竹製のむしろに広げて一定温度まで冷まします。

4 落缸（ルオガン）

冷ました糯米を甕に投入します。甕には前日に計量した水を入れておき、そこへ糯米を投入して混ぜます。次に麦曲と漿水、酒母を入れてかき混ぜます。全体の温度を均一にし、適度にほぐすには、この順番が重要です。

プによって異なるため、ここではオーソドックスな干型黄酒（攤飯酒<rt>たんはんしゅ</rt>）の製法を例に紹介します。

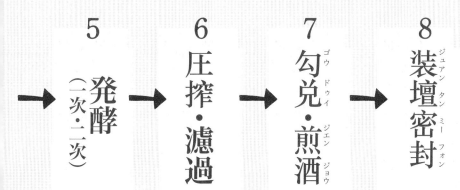

5 発酵（一次・二次）

一次発酵では様子を見ながら専用の混ぜ棒で発酵を促進します（開耙<rt>カイパ</rt>）。二次発酵する際は甕を移し替え、アルコール度数や風味調整のため、粕取り焼酎を投入します。一次・二次発酵は合わせて70〜90日を要します。

6 圧搾・濾過

発酵が終わった醪<rt>もろみ</rt>を専用の圧搾機で搾ります。伝統製法では大きいもので3Mほどもある木製の圧搾機を使用し、濾過袋に入れた醪をテコと重力を利用し上から下へ圧力をかけていきます。ここで紹興酒唯一の副産物「酒糟<rt>ちゅーざお</rt>」が生まれます。

7 勾兌<rt>ゴウ ドゥイ</rt>・煎酒<rt>ジエン ジョウ</rt>

圧搾後の酒は大甕などに入れてカラメル添加による着色後、規定指標に則り専門の職人によって他の原酒とブレンド（勾兌）します。この時点で糖分やアルコール度を調整し、螺旋型熱交換器などで火入れ殺菌（煎酒）を行います。

8 装壇密封<rt>ジュアン タン ミー フォン</rt>

火入れしたら迅速に洗浄済みの貯蔵用甕へ入れていきます。詰め終えたら蓮の葉や竹紐、粘土などを蓋にして固め、4段ほど積み上げて熟成します。甕にはナノレベルの孔があり、熟成の促進効果があります。熟成が終わったら再度火入れして瓶詰めし、出荷します。

黄酒の分類

黄酒は、中国の国家規定により糖分量によって
4種類のタイプに分類されます。
生産地、銘柄そしてこの糖分量を理解していれば、
ラベルから味のタイプが判断できます。

干型 ●ガンシン

黄酒の中で最も辛口のタイプ。糖分量
は1L中15g以下と規定されており、日
本酒よりも低く白ワインに相当します。
日本にはまだ流通していないタイプで
すが、すっきりとした味わいを求める
現代人の嗜好傾向に鑑みると、時代に
合った味わいの黄酒でもあり、今後の
流通に期待が高まります。

半干型 ●バンガンシン

最もポピュラーな、ややドライタイプ。
糖分量は1L中15.1以上40g以下と規
定されています。日本に流通する黄酒
はほとんどが紹興酒で、その90%以上
が半干型に属します。紹興酒に限らず
中国全土でよく造られており、私たち
に最も馴染み深い味わいといえます。

半甜型 ●バンティエンシン

味わいが柔らかくふくよかで、最も飲
みやすい味といえるやや甘口タイプ。
仕込みの水に干型黄酒を使用するた
め、まろやかで心地よい甘味の酒に仕
上がります。糖分量は1L中40.1以上
100.0g以下で、色味は褐色というよ
り黒味を帯びているものが多いです。
常温や冷酒、熱燗とさまざまな飲み方
で楽しめます。

甜型 ●ティエンシン

黄酒の中で最も濃厚で甘口のタイプ。
糖分量は1L中100.1g以上と非常に高
く、味はシロップのように濃醇、酒色は
黒蜜のように黒色なのが特徴です。そ
の濃厚な味わいから、食後酒やデザー
ト向きのものとして重宝されますが、
ロックやソーダ割り、レモンスライスを
入れるなどすれば食中酒で楽しむこ
ともできます。

紹興酒の分類

紹興酒は糖分量による分類以外に、
醸造期間による分類、製法による分類があります。

【 醸造期間による分類 】

淋飯酒
◉りんぱんしゅ

蒸した米を冷ますときに広げて水をかける方法を「淋飯」とい
い、この方法で造る酒が淋飯酒です。米を冷ます時間だけで
なく、浸米時間など全体的に速く仕上がる製法で、多くは酒母
として使われます。

攤飯酒
◉たんはんしゅ

蒸した米を冷ますときに広げてそのまま冷ます方法を「攤飯」
ということからついた名称。淋飯酒を酒母として仕込み水に使
用したり、浸米や発酵期間を長くしたりなど、濃醇な酒造りを
目指した製法です。

【 製法による分類 】

元紅酒
◉げんこうしゅ

最もオーソドックスな製法で造られるドライタイプの紹興酒。
かつて醸造した酒を紅色の甕に詰めていたことからこの名が
つきました。柑橘系のような爽快な酸味が感じられ、ライトな
ボディ感が特徴。酒色もクリアな色合いです。

加飯酒
◉かはんしゅ

私たちの生活に最も馴染み深い紹興酒がこの加飯酒です。日
本国内で流通する紹興酒は、ほとんどがこのタイプに属しま
す。元紅酒よりも使用する糯米の量が10%程度多いため、飲み
ごたえのある味わいに仕上がります。

善醸酒
◉ぜんじょうしゅ

仕込みの水に若い年数の元紅酒を使用する贅沢な紹興酒で
す。濃醇なまろやかさの中に爽やかな酸味が感じられて、後味
は意外とスッキリしています。日本酒でいう貴醸酒（仕込水に
酒を使う酒）と似ており、近年日本に流通し始めています。

香雪酒
◉こうせつしゅ

発酵中にアルコールを加える酒精強化ワインのように高度の
焼酎を投入するため、紹興酒の中で最も糖度が高い酒です。
色は黒く南方黄酒に似た、蜜やシロップのような甘味が特徴で
す。かつて日本にも流通していましたが今は姿を消しています。

黄酒のテイスティング法

香り
まずはグラスを回さずに、そのまま嗅ぐことで表面上の香りを読み取ります。次に回して、内に潜む複雑な香りを感じ取ります。

色
品質に問題がない黄酒は透明感があり、クリアな色合いをしています。劣化していくとやや濁りが出て、味わいにも変化が表れます。

味
黄酒は甘味や酸味など六味（p.19）のバランスが重要です。各味の強弱を感じ取ることで、その黄酒の個性を掴むことができます。

グラスの選び方

熟成酒用グラス
芳醇な香りと滑らかな舌触り、厚いボディ感を堪能するのに最適です。じっくり楽しみたいときにおすすめ。

ワイングラス
丸みのある形状がベター。黄酒独特の酸味が和らぎ、味がまろやかになって心地よい香りも堪能できます。

陶器
陶器の優しい質感によって、まろやかなテイストになります。やや甘口タイプや穏やかな味の黄酒にぴったり。

町中華風コップ
ぐいっと気兼ねなく飲みたいときに重宝します。甕出しや、クセがなく口当たりの良い紹興酒を飲むときに◎。

黄酒を構成する六味

甜・渋・辣・苦・鮮・酸のバランスがわかると
好みの味が見て取れるようになる

黄酒は甜・渋・辣・苦・鮮・酸の「六味」のバランスが重要とされています。

「甜」は甘さ。黄酒は穀物の澱粉が糖分の源で、六味の中でも主要な味わいです。

「酸」は酸っぱさ。黄酒の個性を形作る屋台骨で、乳酸やコハク酸が多いのは黄酒ならではといえます。

「辣」はドライさ。中国ではアルコール感の強さを表しますが、日本では辛さ＝ドライの印象が強いため本書では日本の解釈を優先しています。

「鮮」は旨味。黄酒はアミノ酸が他の酒よりも豊富です。

「苦」は苦さ。豊富なアミノ酸は苦味の源でもあり、苦味は酒全体に厚みをもたらします。

「渋」は口がすぼまる収斂味。若干の渋味は正常な黄酒の証でもあります。

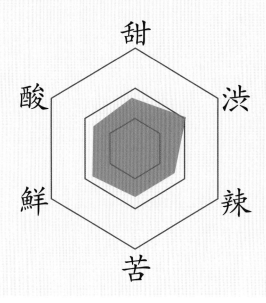

甜 ◉ティエン…甘味	苦 ◉クー…苦味	鮮 ◉シエン…旨味
酸 ◉スワン…酸味	辣 ◉シン…辛味	渋 ◉スー…渋味、えぐみ

黄酒の楽しみ方

黄酒独特の酸味や甘味は、温度帯によって感じ方が変わります。
最初は苦手に感じた銘柄も、飲み方をアレンジすれば飲みやすく
おいしくなるはず。飲み方に決まりはないので、自由に楽しんでください。

温度帯

冷や、常温、ぬる燗、熱燗
と温度帯もさまざま。そ
れぞれに特徴の出方が
変わります。

25℃

黄酒の個性が最も感じら
れる温度です。まずはどの
黄酒も常温で楽しむこと
から始めることをおすすめし
ます。特徴が掴めると、その
黄酒に最適な飲み方が見つ
かります。

35〜38℃

黄酒は元々酸味が強いもの
が多く、温めるとより際立ち
ます。基本的には35〜38℃
程度に温めて、味を少し開く
ようなイメージで楽しむとよ
いでしょう。

10〜15℃

温度を下げると全体的に
シャープですっきりとした味
わいになり、口当たりが軽や
かになります。甘味が強いも
のやボディの強い黄酒にお
すすめの飲み方です。

温め方

徳利などに入れて湯煎で温めるのがベ
ストですが、耐熱グラスなどに入れて電
子レンジの加熱でもOK。ただし、電子レ
ンジの場合は温度の調整が難しいため、
温め過ぎに注意。

冷やし方

ボトルごと冷蔵庫に入れて冷やすのが
一番。ロックで飲むという方法もありま
すが、氷が溶けると味は薄まります。味
が強いと感じる場合はロックでも良い
でしょう。

+αで楽しむ

黄酒で最も身近な紹興酒に
はさまざまな飲み方があり、
レモンスライスや生姜の千
切り、干し梅を入れるなどし
て楽しまれています。レモン
は紹興酒に少ないクエン酸
を追加して爽快に、生姜は
香りと後味のスッキリ感を
助長します。炭酸を少し加え
ても良し。飲み方のバリエー
ションがあるのも黄酒の面
白さです。

黄酒ラベルの見方

黄酒容器には製造会社や原材料など、商品の詳細が記されており、
これを読み取ると味の方向性がわかります。購入の際の参考にしましょう。

中国版

品名：○○○ ┄┄┄┄┄┄┄┄┄┄┄┄┄ 銘柄名

原料：糯米、小麦 ┄┄┄┄┄┄┄┄ 使用されている原料

使用した添加物。主にカラメルが記載されている ┄┄ 食品添加剤：焦糖色

酒精度：14.5%vol ┄┄┄┄┄┄┄ アルコール度数

1L中の糖分量 ┄┄ 总糖(以葡萄糖汁)：15.1-40.0g/L

产品标准号：GB／T 17946 - 2008 ┄ 製品の規格番号

製造日 ┄┄ 灌酒日期：见瓶体或盖喷码

保质期：60个月 ┄┄┄┄┄┄┄ 製造日から保管できる期間

望ましい保存方法 ┄┄ 贮存条件：常温、避光

地址：绍兴市越城区东浦街道 ┄┄┄┄ 生産した酒蔵の住所

主要な産地 ┄┄ 产地：浙江省绍兴市

电话：0000-00000000 ┄┄┄┄ 電話番号

日本版

その他の醸造酒 ┄┄┄┄┄┄ 日本の酒税法における分類

原産国：中国

現地の銘柄名や国内での商品名が記載される ┄┄ 商品名：紹興加飯酒

アルコール分：16.5度 ┄┄┄┄ アルコール度数。9～20度が主流

添加物を使用している場合に記載 ┄┄ 食品添加物：カラメル色素

日本代理店：○○○○ ┄┄┄┄┄ 日本の輸入・販売代理店の名称

黄酒の保存方法

開栓前

寒暖差の少ない、日が当たらない場所で保存。冷蔵庫で一定温度を保つのがベストですが、常温で楽しみたい銘柄は冷やすことで風味が削ぎ落とされるので注意が必要です。

開栓後

常温保存で大丈夫ですが、蓋により劣化の速度が異なります。通気性がないアルミ製は劣化しづらいですが、コルク製は劣化が早いため、短期間で飲むことをおすすめします。

Part 2

日本流通の注目黄酒

日本国内で黄酒は広く出回っており、ネットショップやスーパーマーケットなどで手軽に購入できます。

その中から筆者厳選の、ぜひ飲んでほしい75銘柄を糖分量タイプ別に紹介します。

※糖分量についての解説は、16ページを参照ください。

※固有名詞以外は日本流通の漢字にしています。

※商品名の読み方は、流通上よく使われているものを記載しています。

※原料は容器ラベルや流通情報を元に記載しています。

※掲載内容は2023年5月現在のものです。DATAやボトルデザイン、商品在庫状況は変更になっている場合がありますので、各代理店にお問い合わせください。

DATA の見方

【価格帯】
★ …………1,499円以下
★★ …………1,500円〜2,999円
★★★ ………3,000円〜1万円程度
★★★★ ……1万円〜5万円程度
★★★★★ …5万円以上
※首都圏の平均的な小売店を参考にした目安価格です。

【入手困難度】
★ …………日本全国の酒販店・スーパー・コンビニなどに出回っている
★★ …………こだわりの酒販店、ネットで購入できる
★★★ ………少量しか出回っていない

【温度帯】
各黄酒を飲む際におすすめの温度帯を示しています。
※温度帯についての解説は、20ページを参照ください。

【グラス】
各黄酒を飲む際におすすめのグラスを示しています。
※グラスについての解説は、18ページを参照ください。

越王台 3年
えつおうだい 3ねん

低価格ながら口当たりよく
穏やかな味わい

「浙江越王台紹興酒」は、日本を中心にオランダなどでも販路を拡大している紹興酒メーカーで、日本全国の中華レストランでも親しまれているブランドだ。3年物は、香りは嫌味のない軽やかさがあり、甘酸が心地よい。カラメルやナッツの香ばしさも感じつつ、総じて穏やか。味は甘味と酸味がほどよく均衡しており、全体的にキレイにまとまっていながら、余韻でやや酸味や渋味も強めに広がっていく。ちなみに、「越王台」とは越国の王である勾践を偲んで建てられた宮殿のような建築物。

温度帯

25℃
13℃

グラス

DATA

会社名…………浙江越王台绍兴酒有限公司
産地……………浙江省紹興市
原料……………糯米、麦麹(小麦)
容量……………600㎖
アルコール度数…16度
価格帯…………★
入手困難度………★★
問い合わせ先●日和商事株式会社

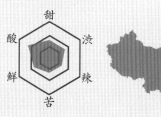

甜
酸
渋
鮮
辣
苦

半干

越王台 12年

えつおうだい 12ねん

青菜炒めや海鮮広東蒸しなど
優しい料理と相性よし

　日本国内で広く親しまれている「越王台」ブランドの12年物。色味はクリアな褐色で、香りは柔らかくオレンジ果汁のようなジューシーさを感じる。味は最初酸を強めに感じるものの、それほど強くは広がらない。しっかりした甘味や旨味があり、酸味とのバランスを絶妙に保っている。それだけでなく、余韻に酸味や苦味が残るのがまたたまらない。青菜の塩炒めや鮮魚の広東蒸しなど、塩味や穏やかな醤油味と相性よし。冷やや常温がおすすめだ。

温度帯

25℃
13℃

グラス

DATA

会社名…………浙江越王台绍兴酒有限公司
産地……………浙江省紹興市
原料……………糯米、麦麹(小麦)、
　　　　　　　　カラメル
容量……………500㎖
アルコール度数…16度
価格帯…………★★
入手困難度………★★
問い合わせ先●日和商事株式会社

甜
酸　　　渋
鮮　　　辣
苦

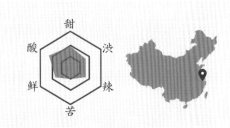

25

越王台 18年

えつおうだい 18ねん

日本でお馴染みの紹興酒ブランド「越王台」の18年熟成

　色は透明感があるオレンジが
かった褐色。香りは爽やかであり
ながら、熟成香やドライフルーツの
ニュアンスも重なり、総じて穏やか。
味は酸味や甘味など全体のバラン
スが落ち着いていてドライだ。和食
やきのこ類との相性が良いので、出
汁の効いた大根の煮物や、きのこ
と香草のスパイス炒めなどと共に
楽しみたい。18年という年代物だ
が、珍しく一升瓶のせいか、日本酒
のように町中華風のグラスで気軽
に楽しみたくもなる。

⚉温度帯⚉

25℃
13℃

⚉グラス⚉

⚉DATA⚉
会社名…………浙江越王台紹興酒有限公司
産地……………浙江省紹興市
原料……………糯米、麦麹(小麦)、カラメル
容量……………1800㎖
アルコール度数…14度
価格帯…………★★★
入手困難度………★★
問い合わせ先◉日和商事株式会社

甜
酸　　渋
　◇
鮮　　辣
苦

会稽山 5年

かいけいざん5ねん

1743年創業の古参メーカーが誇る紹興を代表するブランド

　紹興酒業界を牽引する古参メーカーの中でも特に長い歴史を持つ「会稽山紹興酒」。国内のみならず国際的な品評会で数多の賞を受賞し、中国最大級の紹興酒生産量を誇る。日本で紹興酒といえば「古越龍山」や「塔牌」が代表的な中で、この「会稽山」も身近に手に入る存在として貴重だ。色味は鮮やかでクリアな褐色。香りは貝の磯香と、どことなくバニラのような甘さも漂う。味は最初のアタックは優しい甘味が感じられるものの、徐々に紹興酒特有の強い酸味が開いてくる、まさに伝統系紹興酒。

温度帯
25℃
13℃

グラス

🐝DATA🐝

会社名…………会稽山紹興酒股份有限公司
産地……………浙江省紹興市
原料……………糯米、麦麹
容量……………500㎖
アルコール度数…17度
価格帯…………★
入手困難度………★★
問い合わせ先◉コルドンヴェール株式会社

甜
渋
酸
辣
鮮
苦

半干

関帝 5年
かんてい 5ねん

大将軍の名に恥じない
逞しいボディ感

「関帝」とは、三国志を代表する蜀の大将軍「関羽」が神格化された敬称のこと。ラベルにはその勇敢な姿が描かれている。色味はやや濃いめの褐色で、香りを嗅ぐと乳酸が鼻奥をツンと刺激する。醤油や味噌、漬け物のような香りの中にナッツのような香ばしさもあり、一度グラスを回すと強いアルコール臭や青草のニュアンスが湧き立ってくる。味は酸味がそれほど強くなく舌に沈み込んでいくイメージ。17度と紹興酒にしては度数が高めで、酢豚や麻婆豆腐など味が強めな中華料理に決して負けないたくましいボディ感がある。

🔥 温度帯 🔥

38℃
25℃

🔥 グラス 🔥

🔥DATA🔥

会社名…………中國浙江紹興醸造
産地……………浙江省紹興市
原料……………糯米、麦麹、カラメル
容量……………600㎖
アルコール度数…17度
価格帯…………★
入手困難度………★★
問い合わせ先◉日和商事株式会社

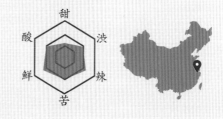

甜
渋
酸　　　辣
鮮
苦

28

関公 3 年

かんこう 3ねん

日常用として気軽に楽しみたい
日本限定ブランド

　文武・徳を兼ね備えた伝説の武将として語り継がれている三国志の英雄「関羽」。その敬称を冠したこの酒は日本専用の限定ブランドで、3年物にしてはクセがそれほどなくまろやかで優しい味わい。と思いきや、後味で貝出汁のような磯風味と渋味、苦味が口に広がっていくのは若さゆえだろう。飲用・料理用共に活躍してくれる紹興酒だ。価格もお手頃で、日常用として重宝できる。難しく考えず、形式にも捉われず、家で中華料理を作ったときに合わせる1本として楽しんでほしい。

❀温度帯❀

25℃

❀グラス❀

❀DATA❀
会社名…………中國浙江紹興醸造
産地……………浙江省紹興市
原料……………糯米、麦麹、カラメル
容量……………600㎖
アルコール度数…17度
価格帯…………★
入手困難度………★
問い合わせ先●日和商事株式会社

甜
酸　渋
鮮　辣
苦

古越龍山 金龍

こえつりゅうざん きんりゅう

紹興酒の代名詞的な存在感。
常温やぬる燗でフランクに楽しめる

「浙江古越龍山紹興酒」は黄酒業界のリーディングカンパニー。その中でも「金龍」は、日本人が親しみやすい味を深く追求して造られている。ブレンドの原酒は5年物をメインに厳選。紹興酒によく感じられる乳酸系の風味を強く感じるため、まろやかさよりも昔ながらの味わいが楽しめる王道系。日本人がイメージする紹興酒の代名詞といえる存在だ。アルコール度数が17度とやや高めで、ドライさもある。紹興酒らしさを楽しみたいなら、常温またはぬるめの燗でじっくり味わうべし。

温度帯

38℃
25℃

グラス

DATA

会社名……………浙江古越龍山紹興酒股份有限公司
産地………………浙江省紹興市
原料………………糯米、麦麹(小麦を含む)、カラメル
容量………………600㎖
アルコール度数…17度
価格帯……………★
入手困難度………★
問い合わせ先●株式会社永昌源

甜
酸　　渋
　　　辣
鮮
苦

古越龍山 10年

こえつりゅうざん 10ねん

1000年の歳月を歩んできた
中国文化の贅沢コラボレーション

　紹興酒を牽引するブランド「古越龍山」と、国家歴史文化名城に指定されている景徳鎮市の江西陶器「景徳鎮」とのコラボレーション。「景徳鎮」は宋の景徳の時代に宮廷用の陶器を盛んに製作していたことから名付けられた陶器の最高峰で、紹興酒も現行の製法ルーツは北宋時代にある。互いに約1000年の歳月を経てのタッグと考えると感慨深い。10年物は苦味や渋味が穏やかでキュッとした酸味と旨味が際立つ。黒酢の効いたよだれ鶏やにんにく香る青菜と海鮮の炒め物などと相性が良い。

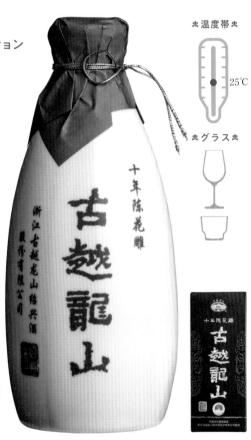

温度帯

25℃

グラス

⚜DATA⚜

会社名……………浙江古越龍山紹興酒股份有限公司
産地………………浙江省紹興市
原料………………糯米、麦麹(小麦を含む)、
　　　　　　　　　カラメル
容量………………500㎖
アルコール度数…16度
価格帯……………★★★
入手困難度………★
問い合わせ先●株式会社永昌源

甜
酸　　渋
鮮　　辣
苦

31

古越龍山 陳醸20年

こえつりゅうざん ちんじょう20ねん

20年熟成で育まれた
複雑味と多彩な表情

　紹興酒業界を常にトップで牽引
してきた最大手酒蔵の長期熟成
20年物。その味わいは、意外にも
キュッと鋭い酸味があり、伝統製
法由来の発酵臭がふわっと広がっ
て、口に含むたび風味が変化して
いく。20年という歴史の中で育ま
れた、いい意味での複雑味がいく
つもの表情を見せてくれる。酸味
と合わせて黒酢の酢豚もいいが、
オイスターソースなど甘味があって
コクのある味付けと合わせて中和
するのも良い。じっくりと常温で味
わいたい。

🔥温度帯🔥

25℃

🔥グラス🔥

🔥DATA🔥
会社名…………浙江古越龍山紹興酒股份有限公司
産地……………浙江省紹興市
原料……………糯米、麦麹(小麦を含む)、
　　　　　　　　カラメル
容量……………500㎖
アルコール度数…15度
価格帯…………★★★★
入手困難度………★★
問い合わせ先●株式会社永昌源

甜
渋
辣
苦
鮮
酸

古越龍山 陳醸30年

こえつりゅうざん ちんじょう30ねん

インパクトの強い酸味と
酒に厚みを持たせるビター感

　30年物以上の紹興酒を造るには、当然30年以上前に酒蔵が設立されていなければならない。紹興においてそのような設備が整った酒蔵は限られているため、これは大変貴重な30年物である。酒は熟成するほどまろやかになると思われがちだが、「古越龍山」の熟成シリーズは少し異なる。切れ味鋭い酸味、刺激的な発酵感、さらにビリッとビターな味わいも。これが味に厚みを持たせているといえよう。中国の独特な色彩が表現された青磁器で、30年にふさわしい気品溢れるボトルも魅力。

₰温度帯₰

25℃

₰グラス₰

₰DATA₰

会社名……………浙江古越龍山紹興酒股份有限公司
産地………………浙江省紹興市
原料………………糯米、麦麹(小麦を含む)、
　　　　　　　　　カラメル
容量………………500㎖
アルコール度数…15度
価格帯……………★★★★
入手困難度………★★
問い合わせ先●株式会社永昌源

甜
酸　　渋
　　　辣
鮮　　
苦

古越龍山 陳醸50年

こえつりゅうざん ちんじょう50ねん

半世紀にわたる甕熟成。
紹興酒の最高峰がここに

　半世紀にもわたる長期熟成原酒の風味が味わえる、紹興酒の最高峰。50年という長い歩みから"濃醇な味わい"を連想する人は、きっと驚くであろう。紹興酒の個性でもあるフマル酸や乳酸の香りは健在で、生命力漲る土や木の香り<ruby>漲<rt>みなぎ</rt></ruby>もしっかり主張する。しかし、香りほど酸味の強烈さはなく穏やかで、渋味や苦味も落ち着いており、全体的にスッキリとした印象。ドライ好きにはピッタリの味だ。空気との触れ合いも発生する甕特有の熟成感を味わいたい人にとって、この上ない酒ともいえる。

☀温度帯☀

25℃

☀グラス☀

☀**DATA**☀
会社名…………浙江古越龍山紹興酒股份有限公司
産地……………浙江省紹興市
原料……………糯米、麦麹(小麦を含む)、
　　　　　　　カラメル
容量……………500㎖
アルコール度数…15度
価格帯…………★★★★★
入手困難度………★★
問い合わせ先●株式会社永昌源

甜
酸　　渋
鮮　　辣
苦

古越龍山 純龍

こえつりゅうざん じゅんりゅう

カラメル無添加で伝統紹興酒とは違うすっきりライトタイプ

　紹興酒最大手メーカーが古来製法を脱却して造り上げた、新しいノンカラメルタイプの酒。「カラメルは酒の味に影響しない」と公言されているものの、味をみてみると非常にライトで軽やか。今までの紹興酒とは明らかな違いを誰もが感じ取れるはずだ。ほどよいバランスの8年原酒を中心にブレンドされており、軽快でありながら奥深い味がじわじわと口の中で膨らんでいく。この繊細な味わいは、常温かつワイングラスで楽しみたい。

⚿温度帯⚿

25℃

⚿グラス⚿

⚿DATA⚿

会社名…………浙江古越龍山紹興酒股份有限公司
産地……………浙江省紹興市
原料……………糯米、麦麹（小麦を含む）
容量……………500㎖
アルコール度数…14度
価格帯…………★★
入手困難度………★★
問い合わせ先●株式会社永昌源

古越龍山 澄龍

こえつりゅうざん チェンロン

人気銘柄の上澄みのみを
ブレンドした贅沢な紹興酒

　甕出し紹興酒の上澄みはクリーンで心地よい味の膨らみ、キレの良い余韻が特徴で、上質な部分として知られている。「澄龍」はその上澄みのみを抽出する特殊なブレンド製法で、銘柄も「古越龍山」の中で特に人気といわれている陳年8年の原酒のみを使用。ほのかに甘い蜂蜜のような香りで、口当たりはとても軽やか。雑味も少なくほどよい酸でスッキリとした飲み口。ラベルデザインも今までにない落ち着いた色合いで優雅さが感じられる。

☖温度帯☖

25℃

☖グラス☖

☖DATA☖
会社名…………浙江古越龍山紹興酒股份有限公司
産地……………浙江省紹興市
原料……………糯米、麦麹(小麦を含む)、
　　　　　　　　カラメル
容量……………500㎖
アルコール度数…15度
価格帯…………★★
入手困難度………★★
問い合わせ先◉株式会社永昌源

甜
酸　　　渋
　　　　辣
鮮
苦

曲渓

きょっけい

お手頃価格で、定番中華のお供や風味づけの料理酒に良し

約300年もの歴史を持つ古参の大手紹興酒蔵「会稽山紹興酒」が造る大衆向け紹興酒。上質な糯米を厳選して使用し、伝統的な製法を重んじながら丁寧に醸造されている。香りは他の紹興酒以上に鋭い酸味が感じられ、飲んでみてもレモンのような強めの酸が口の中に広がる。そして余韻が長い。昔ながらの紹興酒が好きなら常温が良いが、初めての人はロックや炭酸割りにすると親しみやすいだろう。麻婆豆腐や回鍋肉(ホイコーロー)など味が強い中華料理とピッタリ。価格がお手頃なので料理酒用としても◎。

✻温度帯✻

25℃
10℃

✻グラス✻

✻DATA✻

会社名…………会稽山紹興酒股份有限公司
産地……………浙江省紹興市
原料……………糯米、麦麹(小麦)、カラメル
容量……………600㎖
アルコール度数…17度
価格帯…………★
入手困難度………★
問い合わせ先●サントリーホールディングス株式会社

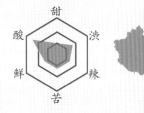

紅楼夢
こうろうむ

厳選の上澄み原液のみをブレンド。
初めての人にもおすすめの万能タイプ

　5年から10年物の熟成紹興酒から厳選し、クリアで上質な原液の上澄みをブレンドした、国内中華レストラン限定で提供されている紹興酒。香りは穏やかで尖りがなく、ほのかな酸が鼻腔に残る。味わいもバランスよく、クセのないオールラウンダー。紹興酒ツウはもちろん、初めての人にも最初の一杯としておすすめできる一品。冷酒や常温が最適だが、ぬる燗も乙。六味のバランスが取れた味わいなので、中華だけでなく和食にも合わせてみてほしい。

❀温度帯❀

38℃
25℃
13℃

❀グラス❀

❀DATA❀
会社名…………会稽山紹興酒股份有限公司
産地……………浙江省紹興市
原料……………糯米、麦麹(小麦)、
　　　　　　　　カラメル
容量……………640㎖
アルコール度数…16度
価格帯…………――
入手困難度………――
問い合わせ先●株式会社廣記商行

甜
渋
辣
苦
鮮
酸

呉越人家 10年

ごえつじんか 10ねん

国境も人種も越えて楽しめる
安定した風味の紹興酒

　中国国家が認める紹興酒メーカーが醸造しているだけあって風味が比較的安定しており、10年物にしては入手しやすい良心的な価格帯。香りは貝や漬け物のようなニュアンスがありながら、ライトな酸味で爽やかさも感じる。味は全体的に穏やかで、後味に膨らみを増す酸味が印象に残る。ちなみに「呉越人家」とは中国春秋時代に敵対していた呉・越の国民同士が集う家のこと。転じて「国や人種が異なっても親しむことができる場所」という意味で、まさに酒場を連想させる。

♨温度帯♨

25℃
13℃

♨グラス♨

♨DATA♨

会社名‥‥‥‥‥‥浙江越王台绍兴酒有限公司
産地‥‥‥‥‥‥‥浙江省紹興市
原料‥‥‥‥‥‥‥米、麦麹(小麦)
容量‥‥‥‥‥‥‥600㎖
アルコール度数‥‥16度
価格帯‥‥‥‥‥‥★
入手困難度‥‥‥‥★★
問い合わせ先◉日和商事株式会社

黄酒と和食

この黄酒とペアリング
浙江東方特雕 12年
詳しくは55ページ

大根の出汁旨煮

◉材料（2人分）

大根（中央部分）…12cm

A {
カツオ出汁…800mℓ
酒、味醂…各大さじ1
薄口醤油…小さじ2
塩…小さじ1/3
}

万能葱（小口切り）…1/4束分

練り辛子…適量

◉作り方

1　大根は皮を剥いて4等分（3cm厚さ）に切り、面取りをして片面に十字に切り込みを入れる。鍋に米の研ぎ汁（分量外）と水を入れて煮立ったら大根を加え、15分ほど下茹でして取り出す。

2　鍋にAを入れて火にかけ、煮立ったら1を加える。蓋をしてごく弱火で30分ほど煮たら火を止め、そのまま冷ます。

3　食べるときに再度温めて汁ごと器に盛り、万能葱をのせて練り辛子を添える。

don(著者)と今井(料理家)の ペアリングPOINT

don 甘味・旨味・酸味のバランスが良い黄酒なので、出汁など和の優しい味に寄り添い、おいしさを引き立てます。おでんもおすすめ。

今井 出汁にはカツオ由来の酸味があり、それが黄酒と馴染みます。黄酒と似た色合いの醤油も相性良く、味を引き締めてくれます。

紹興酒と和食

日本国内で広く流通している
半干タイプの紹興酒を和食とともに。
ほどよい酸味があるので、
甘酢や発酵調味料がよく合います。

ペアリングPOINT

さっぱりとした南蛮酢が、コ
ハク酸やフマル酸など紹興
酒独特の酸味と重なってま
ろやかな味に。酢の物や甘
酢漬けなどもよく合います。

焼き鮭の南蛮漬け

◉材料(2人分)

生鮭(切り身)…2切れ
玉葱…½個
ピーマン…1個
人参…⅙本
酒…小さじ2
塩…少々

A
| 赤唐辛子(輪切り)…1本分
| 出汁…200㎖
| 酢…大さじ4
| 醤油、砂糖…各大さじ2
| ごま油…小さじ1

片栗粉…大さじ2
サラダ油…大さじ4

◉作り方

1 鮭は一口大に切り、酒と塩を振って5分置き、
水気を拭く。玉葱は薄切り、ピーマンは縦半分
に切ってから横に薄切り、人参は千切りにす
る。鍋にAを合わせる。

2 鮭に片栗粉をまぶし、サラダ油を中火で熱し
たフライパンに並べ入れて、途中返しながら3
〜4分揚げ焼きにする。全体に焼き色がついた
らバットに取り出し、1の野菜を合わせて鮭
の上に広げてのせる。

3 1の鍋を火にかけ、煮立ったら2にかけ、粗熱
が取れたら冷蔵庫に入れて冷やしながら味を
馴染ませる。

いんげんの牛肉巻き

◉材料(2人分)

牛もも薄切り肉…4枚
さやいんげん…10本
A｜味噌、味醂、酒、水…各大さじ1
｜醤油、砂糖…各小さじ1
塩、胡椒…各少々
薄力粉…適量
サラダ油…大さじ2

◉作り方

1 いんげんは硬い部分を落として熱湯で1分下茹でし、粗熱を取る。Aは混ぜる。

2 牛肉を2枚、いんげんの長さに合わせて縦向きに重ね、塩、胡椒を振る。いんげんの半量を並べてしっかり巻き、薄力粉をまぶす。同様にもう1つ作る。

3 フライパンにサラダ油を弱めの中火で熱し、2の巻き終わりを下にして並べ、転がしながら4〜5分焼く。

4 肉の表面全体に焼き色がついたら中火にし、Aを加えてよく絡める。取り出して食べやすい大きさに切る。

ペアリングPOINT
発酵によって生まれる紹興酒は、日本の発酵調味料の味噌とも好相性。こんがり焼いた牛肉の風味といんげんの青みがアクセントになり、箸が進みます。

孔乙己 5年

コンイージー 5ねん

**やや酸味・渋味の効いた王道系。
乾物や発酵豆腐などと相性よし**

　近代化技術に頼らない、紹興酒の伝統製法を重んじて造られた王道系紹興酒。まさに昔ながらの味わいで、鼻腔や顎に広がっていく独特な酸味と尾を引く渋味が特徴的。日本で流通しているもうひとつの「孔乙己12年(p.45)」とは全く異なる個性を持つ、紹興酒ツウにおすすめしたい1本。家で楽しむならビーフジャーキーなどの乾物や中国の発酵豆腐「腐乳」をつまみながらじっくり味わいたい。酸味が強いと感じたならボトルごと冷やして冷酒、もしくはロックでどうぞ。

⚞温度帯⚟

25℃
10℃

⚞グラス⚟

⚞DATA⚟
会社名…………中粮酒业有限公司
産地……………浙江省紹興市
原料……………糯米、麦麹
容量……………500㎖
アルコール度数…14度
価格帯…………★
入手困難度………★★
問い合わせ先◉株式会社太郎

甜
渋
辣
苦
鮮
酸

孔乙己 12年

コンイージー 12ねん

クセや雑味がなく
スッキリとして淡麗な味わい

　正統派として中国国家に選ばれた紹興酒14大メーカーのひとつ「中粮酒业」が造る特型黄酒。紹興は文豪・魯迅の故郷でもあり、「孔乙己」は彼の代表作の表題、そして作中の主人公名でもある。伝統的な紹興酒とは一線を画す爽快感で、余韻もスッキリして優しい。中華料理に限らず、味付けが穏やかな和食との相性も抜群だ。温度は常温もしくはしっかり冷やすのがおすすめ。暑い夏場や湿気の多い梅雨時、もしくは途中で口をリフレッシュしたいときの一杯。

※温度帯※

25℃
10℃

※グラス※

※DATA※

会社名……………中粮酒业有限公司
産地………………浙江省紹興市
原料………………大米、麦曲
容量………………450㎖
アルコール度数…12度
価格帯……………★★
入手困難度………★★
問い合わせ先●株式会社太郎

甜
酸　　渋
鮮　　辣
苦

石庫門 赤ラベル

シークーメン あかラベル

多様な原料が織り成す
多彩な香りと上品な口当たり

　19世紀後半、外国文化との邂逅によって住民が急増した上海で建築された集合住宅「石庫門」。まさに上海の味を表現するのにふさわしい名を担い、今や黄酒業界を牽引する銘柄にまで成長した。5年熟成の赤ラベルは、香りは華やかで優しく、味はほのかに甘くスパイシーさも感じられて奥には瓜のような爽快感が潜む。さまざまな原料を使用し、若さゆえの多彩さを感じられるのが楽しい。飲んでみると非常にシャープな飲み口で、酸のインパクトが強めなもののむやみに広がることなく穏やかに収束する。海苔塩風味のポテトフライなど親しみやすい料理から、揚げ銀杏のクミン和えなど独特な味わいの物まで幅広く合う。

☖温度帯☖

25℃
10℃

☖グラス☖

☖DATA☖

会社名…………上海金枫酒业股份有限公司
産地……………上海市
原料……………糯米、小麦、クコの実、
　　　　　　　　蜂蜜、干し梅など
容量……………500㎖
アルコール度数…12度
価格帯…………★★
入手困難度………★★
問い合わせ先●日和商事株式会社

甜
酸　　渋
鮮　　辣
苦

46

石庫門 黒ラベル

シークーメン くろラベル

おつまみには発酵やスパイスなど ちょっとしたアクセントをつけて

　数多くの黄酒銘柄をプロデュースしている「上海金枫酒业」の中で最も代表的なブランド「石庫門」。8年熟成の黒ラベルは厳選した上質な原料から造られており、5年熟成の「石庫門赤ラベル（p.46）」よりも爽快でフローラルな香り。味わいは、ほどよい酸味が感じられ穏やかなアタックだが、時間が経つにつれ徐々に膨らんでしっかりと余韻まで楽しめる。イカの豆豉炒めや鮮魚の発酵白菜煮など、シンプルな味付けに発酵などのアクセントをつけたやや複雑な料理と合わせたい。

豐温度帯豐

25℃
10℃

豐グラス豐

豐DATA豐

会社名…………上海金枫酒业股份有限公司
産地……………上海市
原料……………糯米、小麦、クコの実、
　　　　　　　蜂蜜、生姜など
容量……………500㎖
アルコール度数…14度
価格帯…………★★
入手困難度………★★
問い合わせ先●日和商事株式会社

甜
酸　　渋
鮮　　辣
苦

47

石庫門 錦繡 12年

シークーメン ジンシュウ 12ねん

これぞ、上海の味！
ぜひ、ワイングラスで

酒都・上海の味を継承し続ける孤高の江南黄酒で、「石庫門」は業界を代表する大手ブランドの一角。「錦繡12年」は特に日本でも絶大な人気を誇る。主原料には糯米を使用、クコや干し梅、生姜などを加えており、やや個性のある酸味と上品なシャープさ、スッキリとした印象の中に慈しみ深い味わいを感じられる。香りも紅茶を思わせる華やかさがあり、ワイングラスでゆっくり楽しみたい。一口含めばきっと脳裏をよぎる、古き良き上海ノスタルジー。青菜炒めや海鮮の蒸し物などシンプルな味付けの料理と、ぜひ。

※温度帯※

25℃
10℃

※グラス※

※DATA※

会社名…………上海金枫酒业股份有限公司
産地……………上海市
原料……………糯米、小麦、クコの実、
　　　　　　　　蜂蜜、干し梅、生姜など
容量……………500ml
アルコール度数…12.5度
価格帯…………★★
入手困難度………★★
問い合わせ先●株式会社太郎

甜
酸　　渋
　　　辣
鮮
苦

48

半干

双塔 5年

シュワンター 5ねん

紹興酒らしからぬ果汁感で
親しみやすい味わい

　日本国内で安定の人気を誇る
「浙江東方特雕12年(p.55)」を醸
造する、「浙江東方紹興酒」の日本
向けブランド。「東方特雕」の特
徴である紹興酒らしからぬ果実
味が「双塔」ブランドにも感じら
れる。ほどよい甘味と酸味があり、
心地よい発酵臭とカラメルの香
ばしさ、奥にはオレンジの果汁の
ようなフレッシュさもあって嫌
らしさがない。ガツンとした中華
から和食の優しい風味まで、どん
な料理にも合う万能タイプ。迷っ
たらこの1本を。

岁温度帯岁

25℃
13℃

岁グラス岁

岁DATA岁

会社名…………浙江東方紹興酒有限公司
産地……………浙江省紹興市
原料……………糯米、麦麹(小麦)、
　　　　　　　　カラメル
容量……………500㎖
アルコール度数…16度
価格帯…………★
入手困難度………★★
問い合わせ先●東永商事株式会社

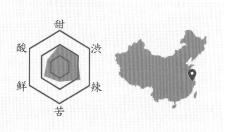

甜
酸　　　渋
　　　　辣
鮮
　　苦

双塔 10年

シュワンター 10ねん

和食にも合う懐の広さ。
夏場は冷酒でスッキリと

「浙江東方紹興酒」の特徴といえる、果汁感のある安定した飲み心地の良さは10年物でも健在。どことなくクリーミーでシロップのような甘い香りがあり、味も刺激が少なくまろやか。紹興酒入門としてもぴったりで、中華の枠を越えてイタリアンや和食でもマリアージュを試してみてほしい。このクオリティで1,000円未満は破格といえる。夏は冷蔵庫で冷やすとまろやかな甘味がほどよくシャープになって、爽快に楽しめるのでおすすめ。

温度帯

25℃
13℃

グラス

DATA

会社名…………浙江東方紹興酒有限公司
産地……………浙江省紹興市
原料……………糯米、麦麹(小麦)、
　　　　　　　　カラメル
容量……………500㎖
アルコール度数…15度
価格帯…………★
入手困難度………★★
問い合わせ先●東永商事株式会社

甜
酸　　渋
鮮　　辣
苦

50

紹興貴酒8年

しょうこうきしゅ 8ねん

万人が気に入る
バランスの取れた味わい

日本全国の中華料理店で広く取り扱われている、身近な銘柄の8年物。長年幅広い層の人々に親しまれている理由は、渋味や雑味が穏やかで尖りのないバランスのとれた味わいにある。いい意味で特徴的なポイントがないからこそ、多くの人にとって「飲みやすい」紹興酒なのだといえよう。グラスも通常のグラスからワイングラスまでさまざまな形状で楽しめる。常温でも良いが、冷やすと柑橘果汁のような甘味と酸味が際立つ。日頃、家で中華料理を楽しむときにぴったりだ。

֍温度帯֍

25℃
13℃

֍グラス֍

֍DATA֍

会社名……………浙江大越紹興酒有限公司
産地………………浙江省紹興市
原料………………糯米、麦麹(小麦を含む)、
　　　　　　　　　カラメル
容量………………640㎖
アルコール度数…15.5度
価格帯……………★★
入手困難度………★★
問い合わせ先◉株式会社永昌源

甜
酸　　渋
鮮　　辣
苦

紹興貴酒15年

しょうこうきしゅ 15ねん

500Lの大甕で醸された貴い酒

効率的に大量生産が可能なタンクは使わず、紹興の伝統製法を尊重して500Lの大甕で醸造される「貴い酒」。15年物はその味わい深さを表現したような深緑の陶器ボトルで展開。日本国内の高級中華レストランでは安定の1本としてよく選ばれ、結婚式や会社の接待などフォーマルな宴会でも重宝されている。紹興酒らしいしっかりめの酸味がグッとくるが、甘味や旨味もあるのでキツさは感じられない。舌で味わうほどに優しい甘味が湧き上がってくる。

🜍温度帯🜍

25℃

🜍グラス🜍

🜍DATA🜍

会社名‥‥‥‥‥‥浙江大越紹興酒有限公司
産地‥‥‥‥‥‥‥浙江省紹興市
原料‥‥‥‥‥‥‥糯米、麦麹(小麦を含む)、カラメル
容量‥‥‥‥‥‥‥500㎖
アルコール度数‥‥15度
価格帯‥‥‥‥‥‥★★★
入手困難度‥‥‥‥★★
問い合わせ先●株式会社永昌源

甜
酸　　渋
鮮　　辣
苦

紹興花雕酒 陳年3年

しょうこうはなぼりしゅ ちんねん3ねん

ノンカラメルらしくクリアな酒色で 柑橘系のような酸味主体の辛口タイプ

近年日本にも流通し始めたノンカラメルの紹興酒で、正統派紹興酒14大メーカーのひとつ「紹興日盛酒業」が製造している。ノンカラメルらしく柑橘系のニュアンスがある酸味主体のドライタイプで、紹興酒で最も辛口な元紅酒に近しい味わい。クリーンな黄金色は熟成本来の色。味だけでなく香りも楽しめるワイングラスや熟成酒用グラスで楽しんでほしい。塩辛やゲソ焼き、豆腐干などちょっとしたおつまみで、チビチビとじっくり楽しめる。

☙温度帯☙

25℃

☙グラス☙

☙DATA☙

会社名‥‥‥‥‥‥紹興日盛酒業有限公司
産地‥‥‥‥‥‥‥浙江省紹興市
原料‥‥‥‥‥‥‥糯米、麦麹(小麦を含む)
容量‥‥‥‥‥‥‥600㎖
アルコール度数‥‥15度
価格帯‥‥‥‥‥‥★
入手困難度‥‥‥‥★★
問い合わせ先◉興南貿易株式会社

紹興老酒 甕熟成 10年 原酒100%

しょうこうらおちゅう かめじゅくせい10ねん げんしゅ100%

紹興酒好きから高い人気を誇る
ノンブレンド、純10年の味

　通常はブレンドする紹興酒の中で珍しいノンブレンドタイプ。10年熟成の純度100%の味が堪能できる。フマル酸や乳酸特有の酸味がしっかりめでドライ。ただそれだけでは終わらず、糯米や小麦由来の旨味が絶妙に広がっていく。「紹興酒本来の風味を味わってほしい」という想いは見事に紹興酒フリークに伝わり、高い支持を集めている。ラベルには仕込んだ年が記載されており、年度ごとに飲み比べても面白い（当然、完売している年もある）。青菜や海鮮炒めなど王道の中華から、羊肉を含めた肉全般も合う。最初の一杯目よりは数杯目かメイン料理と合わせたい。

꙾温度帯꙾

38℃
13℃

꙾グラス꙾

꙾DATA꙾
会社名…………紹興日盛酒業有限公司
産地……………浙江省紹興市
原料……………糯米、麦麹、カラメル
容量……………500㎖
アルコール度数…14度
価格帯…………★★
入手困難度………★★
問い合わせ先◉興南貿易株式会社

甜
酸　　　渋
　　　　辣
鮮
苦

浙江東方特雕 12年

ジョージァンドンファントゥーディヤオ 12ねん

紹興酒らしからぬジューシー感で
飲みやすさ抜群！

　他銘柄と一線を画す、甘味・旨味・酸味の心地よい
バランス。果汁のようなニュアンスすら感じられ、嫌
な刺激も一切なく、ついグビグビッと杯が進んでしま
う。とある中華レストランでは「お客さまがファンだ
から」とラインナップから外せなくなったことも。これ
を飲んで苦手と感じるなら紹興酒自体、
無理かもしれない。そんなトライアルと
して選んでもいいぐらい、万人受けする
味わいだ。定番の中華料理から
発酵系、スパイス系まで幅
広い料理と合う。古風
さと可愛さが混じる
球体のボトルは花
瓶として使うのも◎。
まずは冷やで、ぜひ。

DATA

会社名……………浙江東方紹興酒有限公司
産地………………浙江省紹興市
原料………………糯米、小麦
容量………………500㎖
アルコール度数…14度
価格帯……………★★
入手困難度………★★
問い合わせ先●株式会社太郎

温度帯

25℃
12℃

グラス

甜
酸　渋
鮮　辣
苦

半干

金朱鷺黒米酒
ジンジューファンヘイミージョウ

黒米由来の軽やかな風味。黄酒入門にピッタリ

国家自然保護区にも認定され、野生の朱鷺やパンダが生息する陝西省洋県。気候も良く、自然豊かな地で育まれた一級品の黒米が「金朱鷺黒米酒」の主原料。米をしっかり磨いており、黒米由来のほのかな甘味と爽やかな酸味のバランスがいい。冷やすことで甘味と全体のボディがシャープになり、よりスッキリとした口当たりに。日本国内の中華レストランでも「飲みやすい!」と人気の銘柄で、黄酒入門として最適。酢豚など甘酢系の味付けや肉料理はもちろん、スパイス系や発酵料理との相性も良い。

出温度帯出

10℃

出グラス出

出DATA出
会社名…………陝西朱鷺黒米酒業有限公司
産地……………陝西省漢中市
原料……………黒米、麦曲
容量……………500㎖
アルコール度数…12度
価格帯…………★★
入手困難度………★★
問い合わせ先◉株式会社太郎

紹興酒 塔牌 花彫 陳五年

しょうこうしゅ とうはい はなほり ちんごねん

町中華の温かみある料理とともに
コップでグビッといきたい

紹興の代表的な紹興酒メーカーが誇るメインブランド。日本国内で初めて流通した紹興酒として知られており、この5年物は売上もシェアトップを記録している。近代製法に頼らず、伝統醸造技術を継承。1958年に国際的な展示会に出品するようになってからは数多の受賞歴も誇る。5年物は跳ねるような酸味とほどよい渋味が心地よく、ツウが好む味わいに仕上がっている。町中華のしっかり濃厚かつ温かみある料理をつまみながら、グビッと楽しみたい酒だ。

※温度帯※

25℃

※グラス※

🐝DATA🐝

会社名…………浙江塔牌紹興酒有限公司
産地……………浙江省紹興市
原料……………糯米、麦麹(小麦)、カラメル
容量……………600㎖
アルコール度数…16度
価格帯…………★
入手困難度………★
問い合わせ先◉宝酒造株式会社

甜
酸　　　渋
鮮　　　辣
苦

特撰紹興酒 塔牌 花彫 陳十五年

とくせんしょうこうしゅ とうはい はなほり ちんじゅうごねん

紹興で伝統的な
全量甕仕込み・貯蔵の集大成

　日本で馴染み深い紹興酒ブランドのひとつ「塔牌」は、業界全体が近代的な製法に移行する中で未だに全量甕仕込み・甕貯蔵を守り続けている貴重なメーカーである。15年物は古風で上品なボトルデザインと高級感のある化粧箱で、ギフトにもぴったり。鮮明で透き通った褐色。味はしっかりとした熟成感でまるみがあると思いきや、鋭い酸味が口内に広がり、余韻も長い。若鶏の甘酢あんかけや油淋鶏など酸味があって強めの味わいの料理と合う。

🔥温度帯🔥

25℃

🔥グラス🔥

🔥DATA🔥

会社名…………浙江塔牌紹興酒有限公司
産地……………浙江省紹興市
原料……………糯米、麦麹(小麦)、カラメル
容量……………500㎖
アルコール度数…14度
価格帯…………★★★
入手困難度………★
問い合わせ先●宝酒造株式会社

甜
酸　　渋
鮮　　辣
苦

紹興酒 塔牌 陳五年 麗美

しょうこうしゅ とうはい ちんごねん リーメイ

甕出しの上澄みのみを抽出。飲みやすく軽やか

醸造工程の近代化・合理化の波に逆らい、伝統的な全量甕仕込み・甕貯蔵にこだわり続ける「塔牌」。「麗美」は、正統派の味を守り続ける中で醸された甕出し紹興酒の上澄みのみを抽出し、ブレンドして造られている。香りはスパイシーでナッツのような香ばしさもあり、口に含むとライムのような柔らかな酸味と渋味を感じる。余韻も酸味が広がり続けるが、総じてライト。ピリ辛のよだれ鶏と相性抜群。他の紹興酒と違う上品なボトルデザインは、ホームパーティなどでも映えるだろう。

温度帯

25℃

グラス

DATA

会社名…………浙江塔牌紹興酒有限公司
産地……………浙江省紹興市
原料……………糯米、麦麹(小麦)、カラメル
容量……………500㎖
アルコール度数…14度
価格帯…………★
入手困難度………★★
問い合わせ先◉宝酒造株式会社

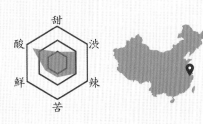

甜
酸　　渋
鮮　　辣
苦

黄酒と洋食

この黄酒とペアリング
石庫門 錦繍 12年
詳しくは48ページ

ミラノ風カツレツ

◉材料(2人分)

鶏ささ身…2本
トマト…1個
塩、胡椒…各少々

A ┃ 卵…1個
　┃ 水…大さじ1
　┃ 粉チーズ…大さじ2

B ┃ パセリ(みじん切り)…大さじ1
　┃ オリーブ油…大さじ1
　┃ レモン汁…小さじ2
　┃ 塩…少々

薄力粉…大さじ2
パン粉…適量
揚げ油…適量

◉作り方

1 ささ身は筋を除き、麺棒で叩いて1cm厚さにのばして塩、胡椒を振る。Aは混ぜる。

2 トマトは1cm角に切ってボウルに入れ、Bを加えて混ぜる。

3 1に薄力粉をまぶしてAにくぐらせ、パン粉をつける。170℃に熱した揚げ油に入れて、きつね色になるまで5〜6分揚げる。

4 油を切って食べやすい大きさに切り、器に盛って2をかける。

don クコの実や生姜などが入っている「石庫門」は華やかな風味で、それがトマトソースの酸味を和らげつつ、おいしさを膨らませます。

今井 この黄酒の酸味には、トマト缶よりもフレッシュなトマトの酸味がよく合います。酸同士が寄り添い、トマトの甘味を感じられます。

61

紹興酒と洋食

手に入りやすい
半干タイプの紹興酒を洋食とともに。
濃厚なバルサミコソースやクセのあるチーズなど
強めの味も見事に調和します。

ローストビーフ バルサミコソース

●材料(2人分)
牛もも塊肉…400g
塩…小さじ1
A ┌ バルサミコ酢…大さじ3
  │ 赤ワイン、醤油…各大さじ1
  │ 蜂蜜…小さじ1
  └ 塩…少々
サラダ油…大さじ3
ベビーリーフ…適量

●作り方

1 牛肉は冷蔵庫から出し、室温に1時間置いて水
　気を拭き、塩をまぶす。

2 フライパンにサラダ油を中火で熱し、牛肉を
　入れて全ての面を1分半ずつ焼く。取り出して
　二重にしたアルミ箔で包み、さらに布巾で包
　んで20分ほど置く。

3 鍋にAを入れて火にかけ、とろみがつくまで
　煮詰める。

4 肉を出して2〜3mm幅に切って器に盛り、ベ
　ビーリーフを添え、Aをかける。

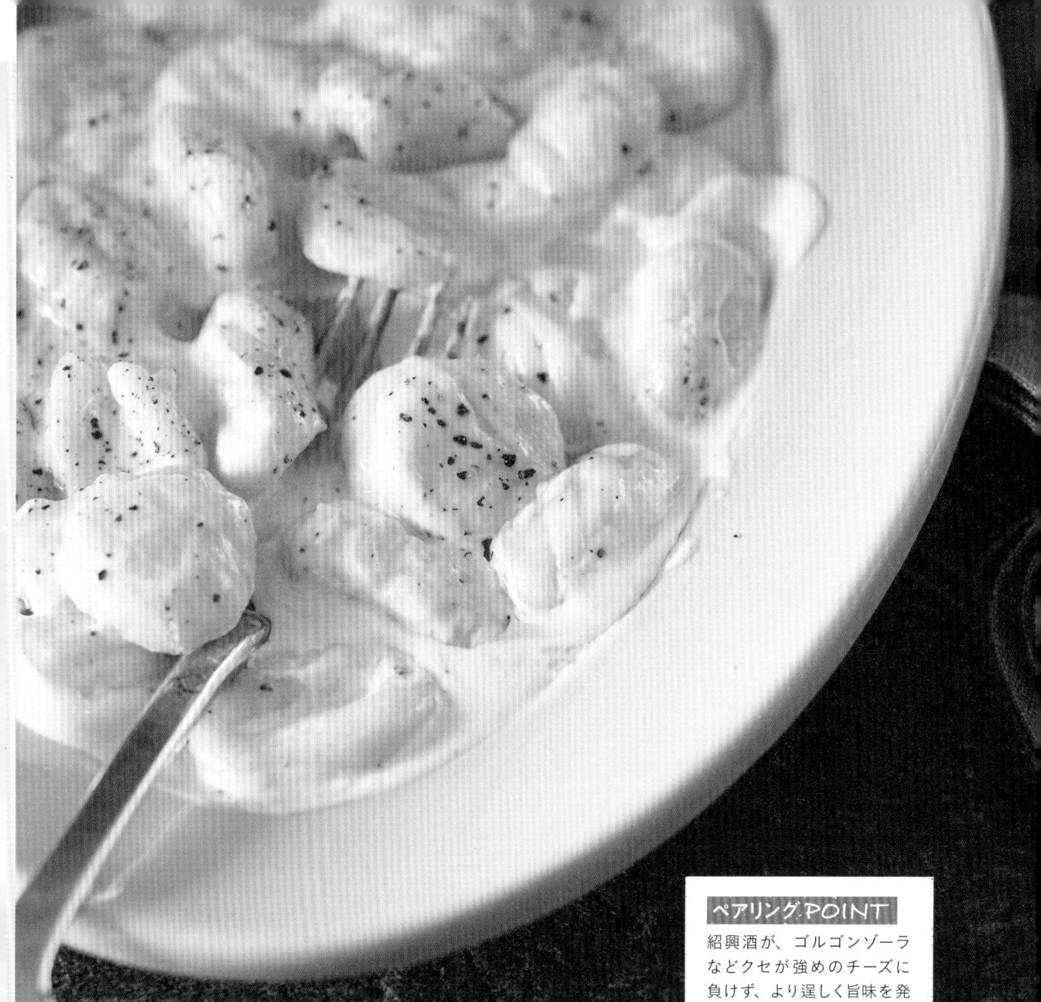

ペアリングPOINT

紹興酒が、ゴルゴンゾーラなどクセが強めのチーズに負けず、より逞しく旨味を発揮。ほんのり残る渋味が味をまとめてくれます。

ニョッキ ゴルゴンゾーラ

◎材料(2人分)

ニョッキ(市販)…250g

A
- にんにく(すりおろし)…½かけ分
- 牛乳…100mℓ
- 生クリーム…100mℓ
- ゴルゴンゾーラチーズ…40g
- パルミジャーノ…大さじ1
- 塩…少々

粗挽き黒胡椒…適量

オリーブ油…適量

◎作り方

1 鍋に湯を沸かし、ニョッキをパッケージの表示通り茹でてざるにあげる。

2 フライパンにAを入れて中火にかけ、混ぜながらとろみがつくまで煮詰める。

3 1を加えてさっと煮て器に盛り、黒胡椒、オリーブ油をかける。

唐宋紹禮 五年花雕酒

タンソンシャオリー　ごねん ファディアオジョウ

中華街の老舗が立ち上げた
自社紹興酒ブランド

「唐宋紹禮」は横浜中華街で約30年、中華食材や調味料を輸入販売してきた「東方新世代」が、紹興酒の魅力を伝えるべく立ち上げた自社ブランド。厳選した上質な糯米と麦曲、鑑湖水によって造られるスタンダードタイプで、紹興酒らしい複雑味がありながらまろやかな口当たり。刺激が適度にありつつ飲みやすいというこのバランスが魅力的だ。5年物は渋味や苦味が感じられ、ややドライな印象。紹興酒ツウが敢えて求めるストライクゾーンがここにある。

⚜温度帯⚜

25℃

⚜グラス⚜

⚜DATA⚜
会社名…………有限会社東方新世代
産地……………浙江省紹興市
原料……………糯米、麦麹(小麦)
容量……………640㎖
アルコール度数…16度
価格帯…………★
入手困難度………★★
問い合わせ先◉有限会社東方新世代

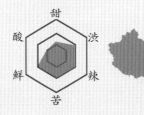

甜
渋
酸
辣
鮮
苦

唐宋紹禮 八年花雕酒

タンソンシャオリー はちねん ファディアオジョウ

甘味・旨味がしっかりあり
飲み飽きない。日常用に◎

　家庭で中華料理を食べるとき「紹興酒を飲みたいけれど何を選んだらいいかわからない」と困ったらこちら。香りは穏やかで樽や木、土っぽさがあるが嫌味はない。飲んでみると甘味と旨味がしっかりあり、ほのかな酸味や渋味が酒の個性に幅を持たせている。飲み飽きないおいしさ。価格的に見ても1,000円未満とかなりお得で、普段使いとして重宝する。ここは気軽に町中華で愛されるようなコップで楽しもう。

炎温度帯炎

25℃

炎グラス炎

炎DATA炎

会社名…………有限会社東方新世代
産地……………浙江省紹興市
原料……………糯米、麦麹(小麦)
容量……………500㎖
アルコール度数…16度
価格帯…………★
入手困難度………★★
問い合わせ先●有限会社東方新世代

甜
渋
酸
辣
鮮
苦

65

半干

唐宋紹禮 十年花雕酒

タンソンシャオリー じゅうねん ファディアオジョウ

しっかりめの甘味と旨味は
常温はもちろん冷酒でも

「唐宋紹禮」オーソドックスシリーズの長期熟成版。酸味がほのかにありつつもキツさがないのは、甘味や旨味が味の土台としてしっかり存在しているからだろう。味の膨らみが豊かで芳醇、同ブランドの「景徳鎮青壺」シリーズ特別仕込みに勝るとも劣らないクオリティである。毎日飲むほど紹興酒好きな人は、この甕出し版もおすすめだ。常温で十分に楽しめるが、冷酒にすると甘味・旨味がしっかり感じられスッキリとした味わいになる。

ꙮ温度帯ꙮ

25℃
13℃

ꙮグラスꙮ

ꙮDATA ꙮ

会社名…………有限会社東方新世代
産地……………浙江省紹興市
原料……………糯米、麦麹(小麦)
容量……………500㎖
アルコール度数…15度
価格帯…………★★
入手困難度………★★
問い合わせ先◉有限会社東方新世代

甜
渋
酸　　　辣
鮮
苦

唐宋紹禮 紹興酒十年（景徳鎮青壺）

タンソンシャオリー しょうこうしゅじゅうねん（けいとくちんあおつぼ）

アジア優秀酒として金賞を獲得。
濃醇で、全体のバランスが秀逸

　同シリーズの通常版の10年物との違いは、景徳鎮のボトルと特別仕込みであること。熟練の杜氏が酒造りの経過を綿密にチェックし、丹精込めて造られている。心地よい酸味を支える甘味と旨味で全体的なバランスが良く、濃醇で深みのある味わい。しつこさがなく、ついつい杯が進んでしまう。雰囲気のあるボトルは見栄えが良く、大人数のホームパーティにもおすすめ。花瓶として再利用もできる。2023年に日本や中国、インドなどアジア全域で優秀な人や物を表彰するASIA GOLDEN STAR AWARDで金賞を獲得した。

꙳温度帯꙳

25℃
13℃

꙳グラス꙳

꙳DATA꙳
会社名…………有限会社東方新世代
産地……………浙江省紹興市
原料……………糯米、麦麹(小麦)
容量……………500㎖
アルコール度数…16度
価格帯…………★★★
入手困難度………★★
問い合わせ先◉有限会社東方新世代

甜
酸　渋
鮮　辣
苦

67

唐宋紹禮 紹興酒三十年（景徳鎮青壺）

タンソンシャオリー しょうこうしゅ さんじゅうねん（けいとくちんあおつぼ）

香り立つワイングラスで
伸びやかな余韻まで楽しみたい

30年という長期熟成によってカラメル色がクリアになり、酒色はキレイな橙色。ボトルや木箱は10年物と同じだが、味は酸味や甘味が増してじんわりと染み渡っていくよう。ほどよい渋味や苦味がさらに強いボディ感を生み出しつつ、余韻はキレイで伸びやかだ。甘く香ばしい香りを堪能しながら楽しめるワイングラスか、まろやかな口当たりの良さを陶器で満喫したい。青菜炒めのような塩味系の料理からスペアリブの豆豉蒸し、中華以外なら鯖の味噌煮のような濃厚な味にも合う。

温度帯

25℃

グラス

DATA

会社名…………有限会社東方新世代
産地……………浙江省紹興市
原料……………糯米、麦麹（小麦）
容量……………500㎖
アルコール度数…15度
価格帯…………★★★
入手困難度………★★
問い合わせ先◉有限会社東方新世代

甜
酸　渋
鮮　辣
苦

唐宋紹禮 加飯酒

タンソンシャオリー ジァファンジョウ

手軽な乾き物と合わせるなど
日々の晩酌用として活躍

「唐宋紹禮」の加飯型。仕込みの際により多くの糯米を使用し、しっかりと糖化させることによってまろやかで芳醇な味わいを実現している。香りは発酵臭や酸味が強いものの、飲んでみると酸はそれほど広がらず、甘味・旨味のバランスが良い。苦味はそれほどないので後口も穏やか。中華料理はもちろん、あたりめや塩辛など日々の手軽なアテと合わせた晩酌用として活躍してくれる。リーズナブルなので料理酒として使っても良し。

⚜温度帯⚜

25℃

⚜グラス⚜

⚜DATA⚜

会社名……………有限会社東方新世代
産地………………浙江省紹興市
原料………………糯米、麦麹(小麦)
容量………………640㎖
アルコール度数…17度
価格帯……………★
入手困難度………★★
問い合わせ先●有限会社東方新世代

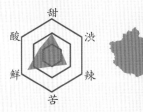

69

旗開得勝 陳醸 5年

チーカイドッション ちんじょう 5ねん

人気スーパーの自社ブランド。
優しい酸味で軽やかな味わい

　スーパーマーケット「オーケー」のプ
ライベートブランド。「旗開得勝」は
中国の四字熟語で、旗を開いて勝ち
を得る三国志の有名な武将3体の立
像を示し、総じて「幸先の良いスター
トを切る」という意を持つ。正統な紹
興酒として伝統製法によって冬季限
定で造られ、香りは貝のような磯の
匂いと酸が強めの発酵臭、ほのかに
シロップのような甘さも感じる。味は
優しくほどよい酸味があり、何よりも
旨味が強い。軽やかな甘味もあって、
心地よい飲み口だ。さまざまなグラス
で温度帯も幅広く楽しめるが、夏場
は冷酒が一番。

温度帯

25℃
13℃

グラス

DATA
会社名…………浙江大越紹興酒有限公司
産地……………浙江省紹興市
原料……………糯米、麦麹(小麦を含む)、
　　　　　　　　カラメル
容量……………640㎖
アルコール度数…15度
価格帯…………★
入手困難度………★★
問い合わせ先◉株式会社健興通商

甜
渋
酸
辣
鮮
苦

旗開得勝 陳醸 10年

チーカイドッション ちんじょう 10ねん

黒酢やバルサミコなどを使った
酸味の効いた料理と相性良し

　酒蔵の「浙江大越紹興酒」は正統な紹興酒メーカーとして認められている14社のうちのひとつ。低温発酵可能な冬季醸造という伝統を守りながら、独自の味わいを追求。5年物 (p.70) と比較すると酸の香りは優しく、丸みのある印象。しかし口に含むと一気に奥顎にも響くような酸を感じられ、いつまでも口内に残る。ボディはライトだがインパクトは強めで、ツウにはきっとたまらない。鶏肉のカシューナッツ炒めなどの王道中華もいいが、魚の南蛮漬けのような酸味の効いた料理とぜひ合わせてほしい。

❀温度帯❀

25℃

❀グラス❀

❀DATA❀
会社名…………浙江大越紹興酒有限公司
産地……………浙江省紹興市
原料……………糯米、麦麹(小麦を含む)、カラメル
容量……………640㎖
アルコール度数…15度
価格帯…………★
入手困難度………★★
問い合わせ先◉株式会社健興通商

甜
渋
辣
苦
鮮
酸

鼓山 福建老酒
グーシャン ふっけんらおちゅう

日本で楽しめる
南方黄酒唯一の銘柄

　鼓山は福建省の東部にある福州市
に位置し、福建最大の河である閩江の
ほとりにある自然豊かな場所だ。「福
建老酒」は紅曲を麹に使用したやや
糖度が高い甘口タイプで、独特な漢
方薬の香りが強い複雑味を醸してい
る。ストレートよりはロックにしたり炭
酸で割ったりすると飲みやすく、ホッ
ピーで割ると黒ビールのようで面白い。
現地では食中酒というより料理酒用
として、煮込みなど味にアクセントを
つけたいときに活用される。

⚔️温度帯⚔️

38℃

13℃

⚔️グラス⚔️

⚔️DATA⚔️
会社名……………――
産地………………福建省福州市
原料………………糯米、紅曲
容量………………485㎖
アルコール度数……14.5度
価格帯……………★
入手困難度………★★
問い合わせ先⬤東永商事株式会社

特選 陳年紹興10年
花彫ひょうたん

とくせん ちんねんしょうこう10ねん はなぼりひょうたん

**黒酢だれにたっぷりつけた
熱々の水餃子と一緒に楽しみたい**

　インパクトのあるひょうたん型のボトルデザイン。メーカーは正統な紹興酒酒蔵で、その代表ブランド「越王台（p.24〜26）」は優しい味わいだが、こちらはキャッチーな可愛い容姿とは裏腹にしっかりとして飲みごたえがある。口に含むと酸味がフワッときて、徐々に渋味など独特な風味が広がっていく。刺激的な味わいが好きな人には、きっとたまらないだろう。ゴーヤーなど苦味のある食材や、水餃子をコクのある黒酢だれにつけながら食べるときに合わせたい。

半干

⚜温度帯⚜

13℃

⚜グラス⚜

⚜DATA⚜

会社名…………浙江越王台绍兴酒有限公司
産地……………浙江省紹興市
原料……………糯米、麦麹(小麦)、
　　　　　　　　カラメル
容量……………750㎖
アルコール度数…17度
価格帯…………★★
入手困難度………★★
問い合わせ先●日和商事株式会社

甜
酸　　渋
　　　辣
鮮
苦

73

東牌 五年 陳紹興酒

ドンパイ 5 ねん ちんしょうこうしゅ

18度とは思えない
軽やかさとシャープさが特長

　アルコール度数が18度と紹興酒の中ではやや高めだが、意外にもスッキリとした口当たり。キュッとした酸も印象に残る。味の広がりは穏やかで、しっとりと舌に沈み込むように馴染んでいく。メーカーの「会稽山紹興酒」は「古越龍山」や「塔牌」と並んで紹興酒を代表する大手酒蔵。この「東牌」は表記が古い旧式タイプで流通量はそれほど多くないが、王道系の紹興酒が好きな方ならきっとストライクゾーンだろう。やや温度を上げて旨味や甘味を少しきかせても面白い。

♨温度帯♨

38℃
25℃

♨グラス♨

♨DATA♨

会社名‥‥‥‥‥‥会稽山绍兴酒股份有限公司
産地‥‥‥‥‥‥‥浙江省紹興市
原料‥‥‥‥‥‥‥糯米、麦麹(小麦)、カラメル
容量‥‥‥‥‥‥‥640㎖
アルコール度数‥‥18度
価格帯‥‥‥‥‥‥★
入手困難度‥‥‥‥★★
問い合わせ先●華僑服務社

甜
酸　　渋
　鮮　辣
苦

夏之酒

なつのさけ

古き伝統を塗り替える
紹興酒の革命児

　基本的な製法は伝統を重んじつつ随所で革命的な挑戦が垣間見える、紹興酒の革命児的存在。上質な在来品種の糯米「紹糯9714」を無農薬栽培で作り、紹興酒の製法としては一般的なブレンドやカラメルによる着色を廃止。純粋に原料と伝統製法のみによる味わいを実現した。キュッとしたレモンのような酸味で、穀物由来の旨味もあり、ドライでありながら逞しいボディ感。香りも華やかでウイスキーのようなバニラ香がほのかに残る。冷やしたくなるが、ぜひ常温で香りや味の膨らみを堪能してほしい。

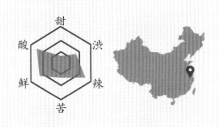

⚜温度帯⚜

25℃

⚜グラス⚜

⚜DATA⚜
会社名…………紹興酒ジャパン株式会社
産地……………浙江省紹興市
原料……………糯米(紹糯9714)、麦曲
容量……………500㎖
アルコール度数…16.5度
価格帯…………★★★
入手困難度………★★
問い合わせ先◉紹興酒ジャパン株式会社

甜
酸　　渋
鮮　　辣
苦

女児紅 10年

ニュウアルホン 10ねん

シャープでキレのある
東路紹興酒らしさの虜に

　紹興の東方で造られる、辛口淡麗な風味が特徴の「東路紹興酒」の代表格。日本でもお馴染みの銘柄で、丸ボトルの5年物が一般的だが、筆者はこの10年物に触れて紹興酒の魅力へと引き込まれた。口に含むと雑味はなくスッと伸びやかな酸味を感じ、総じてシャープでキレのある味わい。決して味が薄いわけではなく、紹興酒ならではの広がりもしっかりあるから感動する。「女児紅」は紹興に伝わる古い習慣の名称で、「生まれた娘を祝うために自家醸造酒を造る」というもの。お祝いにも良し、日常の少し贅沢な一杯としても良し。

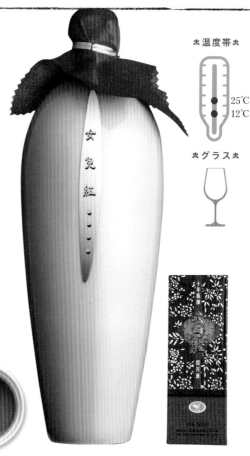

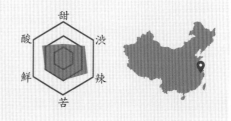

⚜温度帯⚜

25℃
12℃

⚜グラス⚜

⚜DATA⚜

会社名············紹興女儿红醸酒有限公司
産地················浙江省紹興市
原料················糯米、小麦
容量················500㎖
アルコール度数···14度
価格帯···········★★
入手困難度········★★
問い合わせ先●株式会社太郎

甜
渋
酸
鮮 辣
苦

黄中皇 5年

ファンジョンファン 5 ねん

半干

紹興酒ツウが辿り着く"エンペラー"の5年物

　日本各地の名だたる中華レストランで黄酒ラインナップのレギュラーとして重宝されている、まさに"エンペラー"の名に相応しい正統派。自宅用やホームパーティでも映えるボトルデザインで、淡い水色の陶器はどことなく優しく親しみやすい。5年物も他年数物同様に昔ながらの味わいを継承しつつ、酸味や渋味がやや尖っていてドライ。この尖りが、まさに5年物らしい若者のような粗さを感じさせる。紹興酒ツウが行き着く納得の紹興酒。コストパフォーマンスも良く、ワイングラスや熟成酒用グラスで香りと風味をじっくり楽しみたい。

火温度帯火
36℃
25℃

火グラス火

火DATA火
会社名…………中粮酒业有限公司
産地……………浙江省紹興市
原料……………糯米、麦曲
容量……………500㎖
アルコール度数…14度
価格帯…………★★
入手困難度………★★
問い合わせ先●株式会社太郎

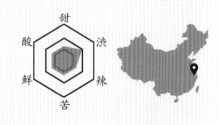

77

黄中皇 10年

ファンジョンファン 10ねん

紹興酒の王道系でありつつ、優しさと豪胆さが絶妙

「黄中皇」は中国において国家地理標志保護産品に認定されている正統派紹興酒ブランドで、日本国内の著名な中華レストランでも多数取り扱われている人気黄酒。メーカーの「中粮酒业」は紹興酒の伝統製法を重んじながら紹興酒本来の味わいを長年にわたって追求しており、この10年物こそ真骨頂といえるだろう。紹興酒らしい酸味や渋味を感じさせながら、まろやかで優しい口当たり。黒ボトルに金字のデザインも荘厳さがあって良い。常温かぬる燗で深みのある味わいを堪能してほしい。

火 温度帯 火

36℃
25℃

火 グラス 火

火 DATA 火

会社名…………中粮酒业有限公司
産地……………浙江省紹興市
原料……………糯米、麦曲
容量……………500㎖
アルコール度数…14度
価格帯…………★★
入手困難度………★★
問い合わせ先●株式会社太郎

黄中皇 20年

ファンジョンファン 20ねん

40年以上の歴史が織り成す
野生味溢れる"紹興酒の皇帝"

　近年は過当競争の波に飲まれ、紹興酒の本場である紹興でも酒蔵が淘汰される時代が続いている。その中で、今や正統な紹興酒メーカーとして国家が認める14大メーカーの内の一角を担い、40年以上の歴史を持つ「中粮酒業」は貴重な存在。「黄中皇」は代表ブランドで20年物は文句なしの旨さ！と言いたいところだがボトルや製造年度によって気まぐれな一面も。手造りならではの風味の違いは伝統製法の魅力の内ともいえるが、時にドライで時に慈しみ深い。筆者は後者の味が忘れられず、虜。

⚹温度帯⚹

25℃

⚹グラス⚹

⚹DATA⚹

会社名…………中粮酒业有限公司
産地……………浙江省紹興市
原料……………糯米、麦曲
容量……………500㎖
アルコール度数…14.5度
価格帯…………★★★
入手困難度………★★
問い合わせ先●株式会社太郎

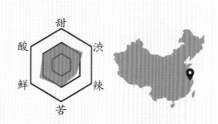

甜
酸　　渋
鮮　　辣
苦

半干

煌鼎牌 陳年5年

フォンディパイ ちんねん5ねん

甘酸のバランスが絶妙でコスパも◎
紹興酒入門におすすめの1本

香りは澄んでいて、瓜のような
青草っぽいニュアンスも感じら
れる。飲んでみると甘味と酸味の
バランスが絶妙で、舌をスルッと
舐めるように抜けていくのが面
白い。余韻は酸味がほのかに残
り、ビリッとした収斂感が長引くの
は紹興酒の中では若年とされる5
年物らしさか。総じて丸みがあっ
て親しみやすく、紹興酒入門とし
ておすすめできる1本。冷やか常
温がおすすめで、ワイングラスで
も町中華風コップでも楽しめる。
Amazonや大衆向けの町中華、中
華食材店などで入手できる。

雖 温度帯 雖

25℃
10℃

雖 グラス 雖

雖 DATA 雖

会社名……………——
産地………………浙江省紹興市
原料………………糯米、麦曲
容量………………500㎖
アルコール度数…17度
価格帯………………★
入手困難度………★★
問い合わせ先●友盛貿易株式会社

甜
酸　　渋
鮮　　辣
苦

80

黄酒・紹興酒のペアリングレシピ

黄酒とおつまみ

この黄酒とペアリング

即墨老酒 清爽型
詳しくは103ページ

なめこおろし

◉材料（2人分）
なめ茸（市販）…大さじ3
大根おろし…200g
万能葱…¼束

◉作り方
大根おろしは軽く水気を絞り、万能葱を小口切りにして混ぜる。器に盛り、なめ茸をのせる。

> don（著者）と今井（料理家）の
> **ペアリングPOINT**
> 優しく丸みのある黄酒には、さっぱりとしたおつまみが◎。繊細な味と馴染みます。最初の一杯にぜひ。

この黄酒とペアリング

即墨老酒 焦香型
詳しくは106ページ

> don（著者）と今井（料理家）の
> **ペアリングPOINT**
> 燻したような香りと深い甘味のある黄酒には、特徴的なピータンが意外にも合います。揚げることでクセは少なめに。

揚げピータン

◉材料（2人分）
ピータン…2個
A｜醤油…大さじ1
　｜酢…大さじ½
　｜ごま油、砂糖
　｜…各小さじ1
片栗粉…適量
揚げ油…適量
生姜（千切り）
…1かけ分

◉作り方
1　ピータンは洗って殻をむき、4等分のくし形切りにする。Aは混ぜる。
2　ピータンに片栗粉をまぶして170℃に熱した揚げ油に入れ、表面がカリッときつね色になるまで揚げる。器に盛り、Aをかけて生姜をのせる。

紹興酒と おつまみ

日本で広く飲まれている半干タイプの紹興酒は、居酒屋の定番おつまみにも合うから不思議。自宅での晩酌でもぜひ味わってほしいです。

漬けマグロ刺身

◉材料（2人分）

マグロ（刺身用）
…1さく（150g）
生姜（薄切り）
…1枚
醤油…100ml
紹興酒、味醂
…各50ml
青じそ（千切り）
…5枚

◉作り方

1 鍋に紹興酒と味醂を入れて煮立て、アルコールを飛ばしたらボウルに移し、生姜を加えて冷蔵庫で冷やす。

2 マグロは熱湯にさっとくぐらせて、氷水で冷やし、水気を拭く。

3 ポリ袋に1と2を入れて空気を抜いて袋を閉じ、冷蔵庫で2時間ほど漬ける。食べやすい大きさに切って器に盛り、青じそを添える。

サラミ入りポテサラ

◉材料（2人分）

じゃがいも…2個
サラミソーセージ…20g
カマンベールチーズ
…2切れ（約30g）
塩…少々
　マヨネーズ…大さじ4
　粗挽き粒マスタード
　…小さじ1

◉作り方

1 じゃがいもは洗って、皮ごと柔らかくなるまで茹でる。サラミはみじん切りにする。カマンベールは小さめにちぎる。

2 じゃがいもの皮をむいてボウルに入れ、粗く潰して塩を混ぜる。 を加えてよく和え、サラミ、カマンベールを加えてさっと和える。

ペアリングPOINT

カマンベールの酸味が紹興酒とぴったり。サラミの燻製感がアクセントになり、食べごたえのあるおつまみに。

ペアリングPOINT

マグロにはほのかな酸味があり、発酵している醤油を掛け合わせることで、紹興酒とおいしく馴染みます。

半干

煌鼎牌 陳年10年（如意）

フォンディパイ ちんねん10ねん（にょい）

杯が進むほど深まる味わい。
ぜひ貝料理とともに楽しんで

　中国では流通していない日本限定に
生産された紹興酒ブランドだが、中国
の国家地理標志保護産品として正式に
認定されている。酒色はクリアでオレン
ジがかった褐色。香りは兄弟ブランドの
「吉祥（p.85）」と比べるとドライで、落ち
着きがありながらほのかな酸味や発酵
臭も感じられる。味は何かが飛び抜け
ているわけではなくしっとりと全体
的にまとまっており、2〜3口飲む
と優しい甘味が心地よく広がっ
ていく。牡蠣やアサリなどの貝
料理と相性が良く、常温か燗
がおすすめだ。

꙳温度帯꙳

38℃
25℃

꙳グラス꙳

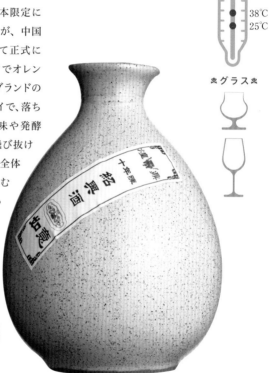

꙳DATA꙳

会社名‥‥‥‥‥‥‥──
産地‥‥‥‥‥‥‥浙江省紹興市
原料‥‥‥‥‥‥糯米、小麦、カラメル
容量‥‥‥‥‥‥‥500㎖
アルコール度数‥‥15度
価格帯‥‥‥‥‥‥★
入手困難度‥‥‥‥★★
問い合わせ先●友盛貿易株式会社

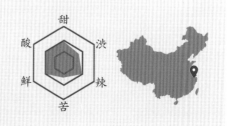

甜
渋
辣
苦
鮮
酸

煌鼎牌 陳年10年（吉祥）

フォンディパイ ちんねん10ねん（きっしょう）

10年物にしてはリーズナブル。
ライトボディで和食に合う

　紅くて丸みのあるボトルフォルムは、古風ながら可愛らしいデザイン。酒色は明るく、清々しいくらい透明感のある褐色。香りは爽やかで熟したオレンジのような甘さもある。口に含んでみると軽い酸味と、甘味・旨味が交互に感じられ、徐々に酸味へと移ろいでいく。まろやかな優しい味で、中華はもちろん、おでんや大根の煮付けなど出汁のきいた和食とも合う。酒蔵は非公開で10年物にして1,000円程度という低価格は少し怪しんでしまうが、この味ならお得。正式な紹興酒マークもついているので安心だ。常温か冷酒でどうぞ。

温度帯

25℃
13℃

グラス

DATA

会社名……………──
産地………………浙江省紹興市
原料………………糯米、小麦、カラメル
容量………………500㎖
アルコール度数…15度
価格帯……………★
入手困難度………★★
問い合わせ先●友盛貿易株式会社

塔牌紹興酒 紅琥珀

とうはい しょうこうしゅ べにこはく

日本の中華総合商社と塔牌の
コラボが生んだ無濾過紹興酒

　日本の中華食材総合商社「中華・高橋」と紹興酒大手酒蔵「浙江塔牌紹興酒」の共同開発で生まれた黄酒。米の酒は濾過をするのが通例だが「紅琥珀」は濃醇・コクを求めて無濾過にし、他の紹興酒とひと味違う風味を実現した。香りは酸味の強い発酵臭とナッツのような香ばしさ。味は多彩で、最初は甘味・旨味・酸味のバランスが取れていて心地よいが、徐々に渋味・苦味に移り変わる。これが無濾過による複雑味か。冷やして飲みやすくするのもよいが無濾過由来の味を楽しむなら常温で。

☆温度帯☆

25℃

☆グラス☆

☆DATA☆
会社名…………浙江塔牌紹興酒有限公司
産地……………浙江省紹興市
原料……………糯米、麦麹(小麦)
容量……………600㎖
アルコール度数…16度
価格帯…………★★
入手困難度………★★
問い合わせ先●株式会社中華・高橋

甜
酸　　渋
鮮　　辣
苦

梦里水郷 5年

モンリーシュイシアン 5ねん

ぎゅっとまとまりのある味わい。
コスパよく、日常用に最適

　甜・酸・鮮などの六味がぎゅっとまとまった風味で全体的に穏やか、落ち着いた印象を受ける。紹興酒の個性的な複雑味、強い酸味、味の広がりが好きな人には少し物足りないかもしれないが、初めて飲む人には親しみやすいだろう。価格も手頃で入手しやすく、日常的に気軽に家で楽しむ紹興酒としてピッタリ。餃子や青椒肉絲などの定番中華と一緒にぜひ。落ち着きのある味わいなので、ロックや炭酸割りなどよりは常温や冷酒がおすすめだ。

🌸温度帯🌸

25℃
13℃

🌸グラス🌸

🌸DATA🌸

会社名……………紹興市越山仙雕醸酒有限公司
産地………………浙江省紹興市
原料………………糯米、小麦、着色料(カラメル)
容量………………600㎖
アルコール度数…14度
価格帯……………★
入手困難度………★
問い合わせ先◉華僑服務社

87

梦里水郷 12年

モンリーシュイシアン 12ねん

すっきり爽快でありながら
チーズにも燻製砂肝にも合う懐の深さ

「越山仙雕醸酒」は2001年に創業
した新進気鋭の紹興酒メーカー。こ
の12年物は軽やかな味で雑味が
なくスッキリ。独特な発酵臭など多
彩な香りや味わいのものが多い黄
酒の中で、爽快なフルーティさが感
じられるのも珍しい。冷やすとよ
りシャープになるものの、爽快さの
中に旨味も主張してくるのが好印
象。夏場に楽しみたい1本といえる。
酸味と相性の良い乳酸発酵のチェ
ダーチーズなどストレートな合わ
せ方だけでなく、スモークした砂肝
といった特徴的な料理も優しくカ
バーする逞しい一面もある。

温度帯

25℃
10℃

グラス

DATA

会社名…………紹興市越山仙雕醸酒有限公司
産地……………浙江省紹興市
原料……………糯米、小麦、着色料(カラメル)
容量……………500㎖
アルコール度数…15度
価格帯…………★★
入手困難度………★★
問い合わせ先●華僑服務社

甜
酸　渋
鮮　辣
苦

越洲家醸 10年

ユエジョウジアニアン 10ねん

紹興を思い浮かべながら
ソーダ割りか冬場の燗酒に

　景徳鎮を彷彿とさせながら、どこか親近感も感じられるボトルデザイン。古風な手描き風の絵を見ているとかつて訪れた紹興を思い出す。背面には白地に大きく青字で「紹興酒」と書かれているのも良い。酒色は黒に近い褐色。味も酸味や甘味など六味が広がるというよりは、全体的に濃厚でずっしりヘビー。まろやかな舌触りで重みのある甘味と旨味を感じる。このタイプの紹興酒はソーダ割りかロック、もしくは冬場に燗にして酸味を立たせるのがおすすめ。

温度帯

38℃
13℃

グラス

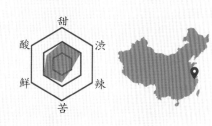

DATA

会社名…………紹興市越山仙雕醸酒有限公司
産地……………浙江省紹興市
原料……………糯米、小麦
容量……………500㎖
アルコール度数…12度
価格帯…………★
入手困難度………★★
問い合わせ先●東永商事株式会社

甜
酸　　渋
鮮　　辣
苦

蘭亭 陳五年

らんていちんごねん

鼻歌でも口ずさみながら
気軽に、気楽に嗜むべし

　メーカーは紹興最大規模の酒蔵「会稽山紹兴酒」。上質な糯米と鑑湖水を使用し、王道スタイルの味わいを実現している。酒色はクリアで、香りは甘く香ばしいカラメル感と爽やかな酸が印象的。味は穏やかにまとまっており、後味で酸が引き立ってくる。「蘭亭」は紹興市にある庭園で、中国の書道家である王羲之が「蘭亭序」という著名な詩を書いた場所として知られている。集まった名士たちは、酒杯が回ってきたときに歌を詠まなければならないらしい。なんと風流な酒場なのだろう。この風習を現代風にラフに置き換えて、鼻歌でも歌いながら気軽にぜひ。

炎温度帯炎

25℃

炎グラス炎

炎DATA炎

会社名‥‥‥‥‥‥会稽山紹兴酒股份有限公司
産地‥‥‥‥‥‥‥浙江省紹興市
原料‥‥‥‥‥‥‥糯米、麦麹
容量‥‥‥‥‥‥‥600㎖
アルコール度数‥‥17度
価格帯‥‥‥‥‥‥★
入手困難度‥‥‥‥★★
問い合わせ先◉サントリーホールディングス株式会社

王宝和 15年

ワンバオフー 15ねん

約300年の歴史を歩んできた紹興酒のいぶし銀

　まず感じるのは強烈な酸の香り。その後にふわっと広がる甘いシロップ香、ナッツの香ばしさ。鼻腔を刺激するアルコール感も強めに感じる。が、いざ口に含んでみると想像以上に爽やかで、香りとのギャップに驚く。ただ、口の中での変化が激しく、酸味や苦味などさまざまな要素が複雑に交差する。総じて、猛々しい。清の時代に誕生し、約300年近く紹興酒の歴史と共に歩んできた、いぶし銀。この複雑味こそ、最も伝統的な紹興酒に近い味といえるのかもしれない。

温度帯

38℃

グラス

DATA
会社名…………紹興王宝和酒厂
産地……………浙江省紹興市
原料……………糯米、小麦、カラメル
容量……………600㎖
アルコール度数…15度
価格帯…………★
入手困難度………★★
問い合わせ先●華僑服務社

甜
酸　　渋
鮮　　辣
苦

特選 黄酒

とくせん ファンジョウ

紹興酒とは似て非なる
燗向きの黄酒

　紹興酒同様、主原料に糯米、麹に麦曲を使用した紹興生まれの黄酒。日本市場向けに生産されたものだが、明確でわかりやすい銘柄名は黄酒というジャンルの存在を全身で訴えかけてくるようで新鮮だ。香りは紹興酒によく見られるツンとした酸味を感じるが、味わいは意外にも穏やか。やや高めのアルコール度数によってまとめられた重みのある風味が、辛口の日本酒のようで舌全体に静かに染み渡る。が、余韻はしつこくない。少し温め、酸味を引き立てて楽しむのがおすすめ。

温度帯

38℃

グラス

DATA

会社名…………浙江越王台绍兴酒有限公司
産地……………浙江省紹興市
原料……………糯米、麦麹(小麦)、カラメル
容量……………600㎖
アルコール度数…17度
価格帯…………★
入手困難度………★★
問い合わせ先●華僑服務社

光春 甕出し紹興加飯酒 7年

こうしゅん かめ だし しょうこうかはんしゅ 7ねん

半干

独自調達で古甕使用の
無濾過甕出し

　東京・池ノ上にある本格的な台湾
料理の名店として知られる「光春」。
オーナーの菅生氏は料理だけでな
く紹興酒への熱量も高く、現地紹興
へ酒蔵見学に赴いて独自の仕入れ
ルートを掴んだ。7年物の甕出しは
古甕使用の「原漿」(げんしょう)というタイプで、
無濾過ノンブレンドの紹興酒。香り
は紹興酒特有の磯香と甘くてまろや
かな熟成香が強い。飲んでみると口
当たりが良いものの、徐々に湧き立
つ渋味が味の広がりを演出する。店
でお願いすると、甕から瓶に移し替
えて持ち帰りできる。

温度帯
25℃

グラス

DATA
会社名…………光春
産地……………浙江省紹興市
原料……………糯米、麦麹
容量……………640㎖
アルコール度数…16度
価格帯…………★
入手困難度………★★★
問い合わせ先◉光春

甜
酸　　渋
鮮　　辣
苦

93

陳家私菜 特製紹興酒 3年

ちんかしさい とくせいしょうこうしゅ 3ねん

東京で有名な四川料理店の
自社紹興酒ブランド

東京都内で本格四川中華料理店を複
数店営む「陳家私菜」の自社ブランド紹
興酒。中華料理フェスティバルにおいて
同店の麻婆豆腐は毎年長蛇の列を作り、
出店舗の中で売上1位を獲得するな
ど料理の人気は周知の通りだが、紹興
酒の仕入れに注力していることはあま
り知られていない。紹興酒は全てオー
ナーの陳氏が自ら現地へ赴いて味見し
厳選。3年物は瓜のような青っぽさや甘
酸っぱい柑橘系の香りで、味は穏やか
だが、2口3口と飲むと酸が広がってい
く。紹興酒の個性的な酸味を欲する人
におすすめ。

温度帯
25℃

グラス

DATA
会社名…………陳家私菜
産地……………浙江省紹興市
原料……………糯米、麦麹
容量……………500㎖
アルコール度数…15度
価格帯…………★★
入手困難度………★★
問い合わせ先●陳家私菜

陳家私菜 特製紹興酒 8年

ちんかしさいとくせいしょうこうしゅ8ねん

純100%の原酒が堪能できる
自社ブランドの本格紹興酒

　東京都内の本格四川中華料理店が日本向けに製造した紹興酒ブランド。伝統的な紹興酒の原材料および製法を大切にした、ブレンドしていない原酒の味を堪能できる。8年物は、香りは爽やかでクリアだが3年物より甘味や酸味、渋味がボリュームアップしている印象。鶏肉の唐辛子炒めや麻婆豆腐など辛い料理と合わせると、酸味が優しく感じられてまろやかになる。辛さの余韻でもう一杯、もう一杯とついつい進んでしまう1本だ。

温度帯

25℃

グラス

DATA

- 会社名・・・・・・・・・・陳家私菜
- 産地・・・・・・・・・・・浙江省紹興市
- 原料・・・・・・・・・・・糯米、麦麹
- 容量・・・・・・・・・・・500㎖
- アルコール度数・・・15度
- 価格帯・・・・・・・・・★★
- 入手困難度・・・・・・★★
- 問い合わせ先●陳家私菜

甜
渋
酸
辣
鮮
苦

陳家私菜 特製紹興酒 12年

ちんかしさい とくせいしょうこうしゅ 12ねん

軽快な酸味！ 酸辛中華と合わせ じっくり楽しみたい

四川料理のパイオニアとして東京都内に7店舗展開している人気中華料理店が立ち上げた、オリジナルブランドの12年物。他年数の原酒を一切混ぜない製法はこの12年物でも健在。浙江省出身であるオーナーが現地視察を行い「おいしいと思うものだけを仕入れる」という徹底した姿勢を貫いており、安定したクオリティの紹興酒が楽しめる。酒色は透明感のあるクリアな色合い。香りや味に乳酸を強く感じるものの渋味や苦味がなく軽快だ。よだれ鶏など酸味の効いた辛い料理と相性抜群。

温度帯

25℃

グラス

DATA

会社名…………陳家私菜
産地……………浙江省紹興市
原料……………糯米、麦麹
容量……………500㎖
アルコール度数…15度
価格帯…………★★
入手困難度………★★
問い合わせ先●陳家私菜

お店で飲むオリジナル黄酒

東京都内で飲食店を営む「光春」や「陳家私菜」では、
お店でしか飲めないオリジナルの黄酒も提供。気になる人はぜひ、お店へ！

光春

7年物（p.93）と同じ酒蔵の甕出し紹興酒だが
製法が異なるため全くの別物。

光春 甕出し紹興加飯酒 8年
こうしゅん かめだししょうこうかはんしゅ 8ねん

新甕の2回火入れで強いボディ

7年物との違いは、濾過後と瓶詰め時に火入れ
をしている点。ただ紹興酒ではこの製法が一般
的で、火入れによって風味が弱まるわけではなく、
むしろコハク酸由来の磯香や酸がふわっと湧き
立ち、飲むと高いレベルで六味が調和して逞し
いボディを感じる。腸詰めやカラスミなど中国の
小皿料理と合わせれば、もう止まらない。

DATA
産地……………浙江省紹興市
原料……………糯米、麦麹
容量……………500ml
アルコール度数…16度
ジャンル………半干

陳家私菜

味わいが異なる甕出し紹興酒を2種展開。
飲み比べもできる。

陳家私菜 甕出し紹興酒 満堂香
ちんかしさい かめだししょうこうしゅ
マンタンシャン

本物のノンブレンド

紹興酒は通常、酒を搾った後に
濾過し高温殺菌後にブレンドす
るが、「満堂香」はその工程を経な
い無濾過ノンブレンドタイプ。味
のブレが生じやすいが、これは
全体的に味が濃醇で酸味や甘味、
旨味など六味のバランスが絶妙。
ボディにも厚みを感じ、さまざま
な料理と楽しめる。

陳家私菜 甕出し紹興酒 江南紅
ちんかしさい かめだししょうこうしゅ
ジアンナンホン

日本唯一、善醸型の甕

日本では限定的な流通量しか
ない貴重な善醸酒（p.17）におい
て、「江南紅」はさらに珍しい甕出
し版。深みのある黒い酒色は濃
厚な味を想像させるが、実際はコク
のある甘味がありながらしつこ
くなく、常温でも十分に楽しめる。
すっきり楽しみたいときはロックや、
レモンスライスを入れても良い。

DATA
産地……………浙江省紹興市
原料……………糯米、麦麹
アルコール度数…15度
ジャンル………半干

DATA
産地……………浙江省紹興市
原料……………糯米、麦麹
アルコール度数…15度
ジャンル………半甜

黄酒と中華

この黄酒とペアリング
金朱鷺黒米酒
詳しくは56ページ

don（著者）と今井（料理家）の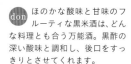

| don | ほのかな酸味と甘味のフルーティな黒米酒は、どんな料理とも合う万能酒。黒酢の深い酸味と調和し、後口をすっきりとさせてくれます。 | 今井 | 酸味がある青魚を主役に、黒米の黄酒に合わせて黒酢で調味しました。酒色と似た色合いの調味料は相性がいいので覚えておくと便利。 |

鮮魚黒酢炒め

◎材料(2人分)
ブリ（切り身）…3切れ
長葱…½本
酒…小さじ2
塩…少々
片栗粉…大さじ2
サラダ油…大さじ2

A { 黒酢…大さじ2
砂糖、醤油、水…各大さじ1
ごま油、片栗粉…各小さじ1

◎作り方

1 ブリは1枚を4等分に切り、酒と塩を振って5分ほど置き、水気を拭く。長葱は3cm幅に切る。Aは混ぜる。

2 フライパンにサラダ油を中火で熱し、ブリに片栗粉をまぶして入れ、長葱も加える。返しながら3〜4分焼いて取り出す。

3 フライパンの油を拭いてAを加えて火にかけ、混ぜながらとろみをつける。一煮立ちしたら2を戻し入れて絡める。

紹興酒と中華

日本で定番の半干タイプの紹興酒は、
もちろん中華料理との相性ぴったり。
ピリ辛味やオイスターソースの
コクのある風味と合わせるのがおすすめです。

よだれ羊肉

◉材料(2人分)

ラム肉(焼肉用)…200g
きゅうり…1本

A
カシューナッツ(粗く刻む)…10g
長葱(みじん切り)、生姜(みじん切り)
…各大さじ1
中国たまり醤油
(なければ日本のたまり醤油)…大さじ1
醤油、ラー油…各大さじ1
砂糖…小さじ1
花椒粉…小さじ1/2

◉作り方

1 きゅうりは縦半分に切って種を
スプーンで除き、3〜4cm長さの
斜め切りにする。Aは混ぜる。

2 鍋に湯を沸かしてごく弱火にし、
ラム肉を1枚ずつ入れて茹で、火が
通ったら取り出して水気を拭く。

3 器にきゅうり、2を盛り、Aをか
ける。

ペアリングPOINT

よだれ鶏をラムでアレンジ。少し
クセのある風味が紹興酒とよく
合います。すっきりとした酸味が
辛さを和らげてくれる点も◎。

ペアリングPOINT
中華の定番、青菜炒めに豚肉を
加えたガッツリ版。紹興酒はその
ボリュームに負けず、すっきりと
しながらも旨味を膨らませます。

豚肉と青菜の炒め物

◉材料(2人分)
豚切り落とし肉…200g
小松菜…1束(200g)
にんにく(みじん切り)
…1かけ分
生姜(みじん切り)…1かけ分
塩…少々

A
酒…大さじ1
ごま油、オイスターソース
…各小さじ1
塩…小さじ½
砂糖…少々

サラダ油…大さじ1

◉作り方

1 豚肉は塩を揉み込む。小松菜
は根元を落として6~7cm長さ
に切る。Aは混ぜる。

2 フライパンにサラダ油を強め
の中火で熱し、にんにくと生
姜を入れてさっと炒め、豚肉
を加えて2分炒める。

3 小松菜を加えてさらに1分炒
め、Aを加えて手早く炒め合
わせる。

古越龍山 善醸酒

こえつりゅうざん ぜんじょうしゅ

善醸酒を原酒とした
甘口タイプの"黒"紹興酒

　仕込み水に紹興酒を使用する「善醸酒」をベースにして造られた、希少な黒い紹興酒。日本の中華料理店で親しまれている紹興酒の炭酸割り「ドラゴンハイボール」の原液として使われることが多い。ストレートで飲むと甘口だが、酸味もほどよくあるのでさらっとした口当たり。冷酒かロックにすればさらにスッキリするし、燗も良い。食前、食中がおすすめ。あん肝などのねっとりと濃厚な食材や、酸に合わせて甘酢系の料理、がっつりとした肉料理と合わせて楽しみたい。

❦温度帯❦

38℃
13℃

❦グラス❦

❦DATA❦
会社名……………浙江古越龍山紹興酒股份有限公司
産地………………浙江省紹興市
原料………………糯米、麦麹(小麦を含む)、
　　　　　　　　　カラメル
容量………………500㎖
アルコール度数…16.5度
価格帯……………★
入手困難度………★
問い合わせ先●株式会社永昌源

甜
酸　　渋
鮮　　辣
苦

半甜

即墨老酒 清爽型

ジーモウラオジョウ　せいそうがた

**単独でも楽しめ、
幅広い料理と合うオールラウンダー**

　北方の伝統製法を尊重しながらも、時代の嗜好に合わせて研究、醸造された現代版黄酒。米の優しい丸みと、爽やかで親しみやすいまろやかな味は、日本酒の熟成酒に近いニュアンス。ノンカラメルによるクリアな酒色も清々しい。冷やすと果汁のような風味が増して、より爽やかになる。ただ軽いだけではなく、黄酒ならではの逞しいボディ感は残るため、海鮮、肉、野菜などさまざまな食材に合う。酒単独で楽しむも良し。まさにオールラウンダーな黄酒のひとつといえる。

꙲温度帯꙲

36℃

10℃

꙲グラス꙲

꙲DATA꙲

会社名…………山東即墨黄酒厂有限公司
　　　　　　　（新華錦集団）
産地……………山東省青島市
原料……………大米、麦麹、クコの実、蜂蜜
容量……………480㎖
アルコール度数…12度
価格帯…………★★
入手困難度………★★
問い合わせ先●株式会社太郎

甜
酸　　渋
鮮　　辣
苦

103

半甜

雲集
ユンジー

楽しみ方が多彩な
日本で唯一のノンカラメル善醸酒

　日本で珍しい善醸型の紹興酒ということに加え、さらにレアなノンカラメルタイプ。一般的な「善醸酒」は珈琲のように黒いが「雲集」はウイスキーのように透明感のある褐色で、ボトルデザインもウイスキー風だ。その味わいはコクのあるまろやかさが主体で、非常に親しみやすい。口にしたときの甘味とは裏腹に、後味は全くしつこさがなく伸びやか。食前・食後もいいが、食中なら芋料理のほっくりとした優しい甘味と調和し、麻婆豆腐のような辛さを癒してくれる万能型。冬は熱燗にして生姜を入れると、体が温まりつつ後味がすっきり心地よい。

灬温度帯灬

38℃
25℃

灬グラス灬

灬DATA灬

会社名‥‥‥‥‥‥会稽山紹興酒股份有限公司
産地‥‥‥‥‥‥‥浙江省紹興市
原料‥‥‥‥‥‥‥糯米、麦麹(小麦を含む)
容量‥‥‥‥‥‥‥500㎖
アルコール度数‥‥15度
価格帯‥‥‥‥‥‥★★
入手困難度‥‥‥‥★★★
問い合わせ先◉株式会社廣記商行

甜
酸　　渋
　　　辣
鮮
苦

甘口紹興酒

あまくちしょうこうしゅ

半甜

特殊なブレンドで生み出された レアなオリジナル太雕酒

タイディアオジョウ

　日本で流通している紹興酒は、品質による分類（p.17）で「加飯酒」に分類されるものが大多数を占める中、「甘口紹興酒」はその4種のどれにも属さない「太雕酒」である。ややドライタイプの「加飯酒」と甘口タイプの「香雪酒」をブレンドして造られたもので、紹興で見た人もいるであろう黒い紹興酒である。まろやかな蜜の香りと名前の通り優しい甘味。酸味や香ばしさも感じられ、しつこさはそれほどない。食前・食後はもちろん、食中なら冷やしてロックがおすすめ。甘口なのでザラメも不要。

　温度帯　

25℃
10℃

　グラス　

　DATA　

会社名‥‥‥‥‥‥紹興日盛酒業有限公司
産地‥‥‥‥‥‥‥浙江省紹興市
原料‥‥‥‥‥‥‥糯米、麦麹
容量‥‥‥‥‥‥‥500㎖
アルコール度数‥‥14度
価格帯‥‥‥‥‥‥★
入手困難度‥‥‥‥★★
問い合わせ先●興南貿易株式会社

甜

酸　　　渋

鮮　　　辣

苦

甜

即墨老酒 焦香型
ジーモウラオジョウ ジャオシャンシン

"即墨秘伝製法"が生み出す
唯一無二の燻製香がたまらない

　山東省即墨に伝わる古来製法"焙糜法^{しゅうびほう}"によって生み出された唯一無二の個性で、実は隠れファン多し。黍米^{きび}を高温で泥状になるまで煎り、焼くように熱入れすることで生まれるスモーキーフレーバーは独特でありながら、どこかクセになる味わいだ。甜型と甘口の黄酒に分類されてはいるものの重みはなく、サラッとした口当たり。燻製やこんがりと焼いた肉、揚げ物など香ばしい料理と相性が良い。その他、ブルーチーズやいぶりがっこのような少しクセのある発酵おつまみも◎。

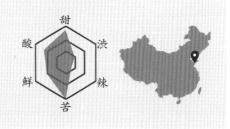

※温度帯※

23℃

※グラス※

火DATA火
会社名…………山东即墨黄酒厂有限公司
　　　　　　　　（新华锦集团）
産地……………山東省青島市
原料……………黍米、麦曲
容量……………500㎖
アルコール度数…11.5度
価格帯…………★★
入手困難度………★★
問い合わせ先◉株式会社太郎

甜
酸　　渋
　　　辣
鮮
苦

106

玉泉 台湾紹興酒

ユーチュアン たいわんしょうこうしゅ

独自路線を突っ走る
台湾流紹興酒の先鋒

　中国の紹興酒にルーツを持ちながら、原点とは一味違う独自の進化を遂げている「台湾紹興酒」。会社の拠点は台北だが、台湾南方にある埔里で醸造されている。台湾産のうるち米「蓬莱米」を原料とし、麦と米の麹を合わせて使用。麦の風味が強く、独特な渋味と苦味が強いのが特徴だ。「玉泉」は特にその特徴をより強く感じられ、敬遠しがちな人もいるがどこかヤミツキになってしまう。最初の一杯目よりは食事の中盤以降で、ぜひ。家で楽しむなら、あたりめなど旨味が強くて余韻もしっかりあるおつまみが合う。

₩温度帯₩

25℃

₩グラス₩

₩DATA₩

会社名…………臺灣菸酒股份有限公司
産地……………台湾
原料……………米(台湾産)、米麹(小麦)
容量……………600㎖
アルコール度数…14.5度
価格帯…………★
入手困難度………★★
問い合わせ先◉東永商事株式会社

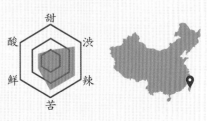

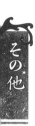

台湾陳年紹興酒 8年

たいわんちんねんしょうこうしゅ8ねん

中国、台湾、日本の
醸造文化が融合した奇跡の結晶

「台湾製だから紹興酒とはいえない」という声も多数あるが、実は非常に個性溢れる酒であることを知ってほしい。中国から台湾に渡った紹興酒文化は、確かに大陸の紹興酒とは全く異なっている。それは水質や気候、原料などに違いがあること、また台湾には日本酒の製造技術も伝播していたことが深く関係している。「台湾紹興酒」はまさに中国、台湾、日本による奇跡の結晶。味わいはビールの麦のような苦味やドライさが全面に感じられ、紹興酒にも日本酒にもない道を突き進んでいる。

业温度帯业

25℃

业グラス业

SHAOHSING V.O.

陳年
紹興酒
TAIJADE

业DATA业

会社名……………臺灣菸酒股份有限公司
産地………………台湾
原料………………糯米、米、麦麹(小麦)
容量………………600㎖
アルコール度数……14.5度
価格帯……………★
入手困難度…………★★
問い合わせ先●東永商事株式会社

甘
酸　　　渋
　　　　　辣
鮮
苦

台湾陳年紹興酒 10年

たいわんちんねんしょうこうしゅ 10ねん

麦麹と米麹をブレンドして
生まれる台湾の個性

「台湾紹興酒」は台湾産のうるち米「蓬莱米」を使用する。また、黄酒ではお馴染みの麦麹と日本酒で使われる米麹をブレンドして使うのが特徴だ。醸す味わいは独特で、中国全土の黄酒にはない個性。10年物も8年物同様、渋味や苦味のインパクトがかなり強くドライである。まさにオリジナルの酒文化を構築していて、独特な風味は賛否分かれるところだがこれもひとつの特性。甘味のある酒が苦手な人におすすめしたい。

☀温度帯☀

25℃

☀グラス☀

☀DATA☀

会社名…………臺灣於酒股份有限公司
産地……………台湾
原料……………糯米、米、麦麹(小麦)
容量……………600㎖
アルコール度数…16.5度
価格帯…………★★
入手困難度………★★
問い合わせ先◉東永商事株式会社

甜
酸　　渋
鮮　　辣
苦

その他

玉泉 10年 窖蔵 精醸 陳年紹興酒

ユーチュアン 10ねん ジャオザン ジンニャン
ちんねんしょうこうしゅ

専用蔵で醸された
深みのあるスーパードライ

　台湾の紹興酒界を代表する「玉
泉」ブランドの中でも特に最高級
の原料を厳選し、他酒とは異なる
専用の蔵で醸造している10年物。
蔵に住む菌の働きなのか、丸糯米
と「蓬莱米」、麦麹や米麹などさま
ざまな穀物由来によるものなの
か、強烈で個性的なインパクトを
放っている。他シリーズ同様、渋
味・苦味を強く感じるものの、さ
すがは埔里鎮（ほりちん）の名水である紹興
泉の酒。飲めば飲むほど味の深み
にはまっていく。この風味に親し
みを感じ始めたら貴方はもう立
派な黄酒フリークだ。

温度帯

25℃

グラス

𖠃DATA𖠃

会社名…………臺灣菸酒股份有限公司
産地……………台湾
原料……………米（台湾産）、米麹（小麦）
容量……………600㎖
アルコール度数…17.5度
価格帯…………★★
入手困難度………★★
問い合わせ先◉東永商事株式会社

甜
酸　　　渋
鮮　　　辣
苦

110

百吉纳奶

バイジーナーナイ

内蒙古の大草原が産んだ
稀少なミルク醸造酒

　内蒙古(モンゴル)自治区巴彦淖尔の大自然の中で育まれた牛の濃醇ミルクが主原料。内蒙古で数千年の歴史を誇るという伝統酒「奶酒」を継承して実現した稀代の銘酒だ。酒色は原料から想像もつかない黄緑がかった黄金色。香りは爽やかで、青草のようなフレッシュさがある。その味わいは紹興酒でも白ワインでもない新感覚。強いていえばフルーティでジューシーな日本酒を彷彿とさせる。チーズなどの乳製品や青菜炒め、茶碗蒸しなどと相性が良いが、辛味のある麻婆豆腐と合わせても面白い。

꙳温度帯꙳

25℃
12℃

꙳グラス꙳

꙳DATA꙳
会社名‥‥‥‥‥‥百吉纳奶酒股份有限公司
産地‥‥‥‥‥‥‥内蒙古自治区巴彦淖尔市
原料‥‥‥‥‥‥‥牛乳、ホエイパウダーなど
容量‥‥‥‥‥‥‥750㎖
アルコール度数‥12度
価格帯‥‥‥‥‥★★
入手困難度‥‥‥★★
問い合わせ先●株式会社太郎

don
考案

初心者にもおすすめ!
黄酒のアレンジドリンク

黄酒　トニックウォーター

黄酒　ホッピー

黄酎ハイ

紹興酒の炭酸割りは「ドラゴンハイボール」として有名だが、柑橘系の風味と酸味のあるトニックソーダ割りは紹興酒の風味をより引き立ててくれる。黄酒は王道系の紹興酒で、黄酒1:トニックウォーター1くらいで割るとちょうど良い。

ファッピー

黄酒のクラフトビール的なイメージで1杯目の酒としておすすめ。麻婆豆腐や餃子と一緒に飲む酒としても抜群だ。黄酒はカロリーがやや高いので、ホッピーで割ることでヘルシーになるのも利点。黄酒1:ホッピー1くらいで割るとちょうど良い。

甘くしたいときは蜂蜜を

紹興酒は熱燗にしてザラメを入れる人も多いが、批判的な意見も。酸味がきつく飲みにくいときは、蜂蜜を加えるのがおすすめだ。ザラザラ感がないので口当たり良く、酸味が軽減され、まろやかになる。

黄酒 ＋ トマトジュース

黄酒 ＋ 炭酸水 ＋ 果物

イエローメアリー

ブラッディーメアリーの黄酒版。黄酒1：トマトジュース2くらいで割るとちょうど良い。トマトジュースは紹興酒に負けない濃厚なものがおすすめ。レモンや黒胡椒、ウスターソースを少し加えても◎。炭酸で割るとよりスッキリとする。

ファングリア

黄酒で作ったサングリアのソーダ割り。黄酒400mℓにぶどう（切り込みを入れる）40g、りんご（皮を剥いて刻む）40g、レモン（皮を剥いて刻む）10g、蜂蜜40gを加えて漬ける（約5杯分）。割る炭酸水はお好みの量でOK。フルーツはオレンジも◎。

Part 3

中国本土の注目黄酒

中国には、まだ日本に出回っていない黄酒が全土にわたって醸造されており、地域によって特性が見られます。

筆者が現地で見出したもの、ぜひ現地で味わってほしい銘柄を厳選して紹介します。

※掲載内容は2023年5月現在のものです。

※原料は容器ラベルや流通情報を元に記載しています。

※固有名詞以外は日本流通の漢字にしています。

夢羲 有机原酿干型手工黄酒

モンシー ヨウジーユエンニアンガンシンショウゴンファンジョウ

かつて、中国大陸の人々は農薬も化学肥料も使わず自然に任せて農業を営んでいて、その作物の味は素朴ながら逞しさがあった。「酒も昔はもっと自然に造られていたはず」という原点に想いを馳せながら生まれたのがこの「夢羲」だ。オーガニックの糯米を使用し、古来継承14の工程を遵守。黄酒の礎ともいえる味はドライでありながら穀物感が溢れる。アーモンドやバラ、バニラなど多彩な香りも魅力的だ。2023年10月頃から日本で販売予定。

🍶DATA🍶
会社名…绍兴国稀酒酿造有限公司
産地……浙江省紹興市
原料……有機糯米、有機小麦
アルコール度数…19度　ジャンル…干

吳宮老酒

ウーゴンラオジョウ

江蘇省の黄酒は「蘇派黄酒」として知られ、その味わいは上品で柔らかく、甘味もあり爽やか、色もクリアなのが特徴だ。その代表的な酒のひとつが「吳宮老酒」。春秋時代に蘇州市の南部にある銅羅の地で生まれた「呉宮酒」が起源で、長い歴史を持ち、高い認知度と評価を受けて中国内外で愛されている。上質な糯米や麦曲、中国で3番目に大きな太湖の水から造られている。

🍶DATA🍶
会社名…苏州吴宫酿酒股份有限公司
産地……江蘇省蘇州市
原料……糯米、小麦、酒曲
アルコール度数…10度
ジャンル……――

同里紅 花好月圓

トンリーホン ファハオユエユアン

酒造りに恵まれている環境の蘇州太湖のほとりは2500年にわたる醸造文化の歴史を持ち、伝統的な醸造技術は江蘇省の無形文化遺産に登録されている。「同里紅」ブランドは1956年に生まれ、今や世界に名を馳せる「恒力集団」の傘下で、中国国家が認める老舗企業「中国老字号」に認定されている。同里古鎮は蘇州市の観光地で、「同里紅」の名は明の時代に結婚祝いとして用いられた18年物の黄酒をこう称したことが始まりといわれている。

北方
江南
南方
華中・西方

🌼DATA🌼
会社名…苏州同里红酿酒股份有限公司
産地……江蘇省蘇州市
原料……糯米、小麦、酒曲
アルコール度数…11度　ジャンル…干
http://www.tlhwine.com

乌毡帽 手工花雕酒

ウージャンマオ ショウゴンフアディアオ

「乌毡帽酒业」は、北に山、南に豊かな水源地という酒造りに恵まれた湖州市安吉県に1948年設立。それから組織改革が幾度も行われ、2008年の第二創世記に伝統を重んじつつ時代に合わせた黄酒造りを確立した。5年連続で国家品質管理局から表彰を受け、浙江名牌、浙江省知名商号など名誉ある称号も得ている。製法は紹興酒と共通していながら主原料には大米を用い、爽快で口当たりが良い。

北方
江南
南方
華中・西方

🌼DATA🌼
会社名…乌毡帽酒业有限公司
産地……浙江省湖州市
原料……大米、小麦など
アルコール度数…12度　ジャンル…──
http://www.zjwine.com

沙洲优黄 君之风 10年

シャージョウヨウファン ジュンジュィーフォン 10ねん

創業は19世紀末、清の光緒帝が権勢を振るう時代。江南の豊かな水源を生かし、今や半干・半甜の代表的存在である「沙洲优黄」醸造法の原型は確立された。江蘇省の黄酒市場ではトップシェアを誇り、従業員は800人以上、100種以上のブランドを生み出している。「沙洲优黄」は1988年に誕生し、受賞歴も多数あり、34の省で流通するなど黄酒業界での認知度が高い。アルコール度数が13度台とやや低く、爽やかで優しい味わいが特徴。

DATA
会社名…江苏张家港酿酒有限公司
産地……江蘇省蘇州市
原料……大米、小麦
アルコール度数…13.8度　ジャンル…半干
http://www.chinese-ricewine.cn

祖坛花雕酒

ズータンフアディアオジョウ

「海神黄酒集団」は、1987年に設立された年間生産量約60,000tを誇る中国国内最大級の黄酒メーカーで、地元の名産品として認められる安徽名牌産品や、消費者に愛される10大黄酒ブランドに選ばれるなど品質の評価が高い。近年は技術開発に積極的な設備投資をし、特に干型黄酒の製造に関する生産と研究に注力。2021年に安徽省黄酒現代醸造工学研究センターとして指定された。「祖坛花雕酒」は看板商品として地元で愛されている。

DATA
会社名…安徽海神黄酒集団有限公司
産地……安徽省合肥市
原料………—
アルコール度数…—　ジャンル…—
http://www.haishenhuangjiu.com

和酒

フージョウ

「上海金枫酒业」は、上海において中国黄酒業界を牽引しているメーカーのひとつ。伝統的な黄酒製造を重んじながら近代化にも舵を取り、黄酒文化を新しいステージへと推し進めている。その中で「和酒」は「石庫門（p.46〜48）」と共に長年愛されてきた代表ブランド。「和を以て貴しと成す」を表現する酒らしく、優しく親しみやすい味わいで多くの人の心を掴んでいる。日本でも一時流通していたが、今や幻。復活の日が来ることを期待したい。

北方
江南
南方
華中・西方

🍶DATA🍶
会社名…上海金枫酒业股份有限公司
産地……上海市
原料………ー
アルコール度数…ー　ジャンル…半干
https://www.jinfengwine.com

古南丰 珍品干黄

グーナンフォン ヂェンピンガンファン

黄酒名産地でもある安徽省において、年間約15,000tという大規模な黄酒の生産基盤を持ち、8大黄酒のひとつに数えられたともいわれる酒蔵「古南丰酒业」。その中で「珍品干黄」は最もドライなタイプに分類される干型黄酒。2017年には「南豊黄酒」として紹興酒と同様の国家地理標志保護産品に認定された。アルコール度数は11度と低めに抑えて、ライトなボディ感を実現している。

北方
江南
南方
華中・西方

🍶DATA🍶
会社名…安徽古南丰酒业有限公司
産地……安徽省宣城市
原料……糯米、小麦
アルコール度数…11度　ジャンル…干
https://www.gunanfeng.com

国稀 红颜梦

グオヒ ホンイェンモン

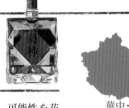

　紹興市の中で黄酒の本質を追い求め、可能性を花開かせるために尽力する布教者が「国稀酒醸造」だ。近代化が進む中、「国稀」は未だ完全手造りにこだわりつつ、近年流行しているノンカラメル、ノンブレンドにも一足早く着手。伝統を重んじ新たな道を切り開く、まさに温故知新を表したようなこの黄酒は、紹興酒以上にオーセンティックといえるのかもしれない。

北方
江南
南方
華中・西方

※DATA※
会社名…紹興国稀酒醸造有限公司
産地…浙江省紹興市
原料…糯米、麦曲
アルコール度数…18度
ジャンル…半干

国稀 55度

グオヒ 55ど

　透明な酒色と高いアルコール度数は、まるで白酒。しかし、これもれっきとした黄酒である。「国稀」ブランドで有名な「国稀酒醸造」が、長年研究を重ね実現した専用分離技術の結晶。5年以上熟成した黄酒を新しい形へと変貌させている。味わいは白酒のような土臭さや激しさがなく、黄酒特有の優しい甘味や柔らかさを感じる。ここに黄酒の新境地を見た。

北方
江南
南方
華中・西方

※DATA※
会社名…紹興国稀酒醸造有限公司
産地…浙江省紹興市
原料…五年陳紹興手工黄酒
アルコール度数…55度
ジャンル…――

西塘1618
手工酒八年陈

シータン1618 ショウゴンジョウ バーニェンチェン

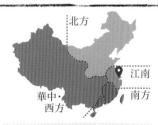

　うるち米を原料とし、9度という低アルコール度数で軽やかなボディを実現。若者や女性でも親しみやすい黄酒だ。産地である浙江省嘉興市嘉善県は紹興市の北部に位置し、上海や蘇州など黄酒の名産地に囲まれている。前身、「嘉善酒業」の誕生は1618年。それから400年以上の歴史を歩む中で、親族経営から大規模の黄酒製造ラインを持つ酒蔵へと成長した。

北方
江南
南方
華中・西方

※DATA※
会社名…浙江嘉善黄酒股份有限公司
産地…浙江省嘉興市
原料…大米、麦曲など
アルコール度数…9度
ジャンル…半干

沙洲优黄 富贵沙优 9年

シャージョウヨウファン フーグイシャーヨウ 9ねん

　江蘇省の黄酒界を牽引する「沙洲优黄」の半甜型で、アルコール度数が8.5度と低く飲みやすい。ストレートでも楽しめるが、現地では生姜の千切りを入れたり、ナツメや胡桃を漬け込んだりと薬酒のような位置付けで親しまれている。黄酒業界では珍しく原料米を自社栽培し、独自の選定基準により精米後の形や色も細かく選別。上質な黄酒造りを実現している。

DATA
会社名…江苏张家港酿酒有限公司
産地……江蘇省蘇州市
原料……大米、小麦
アルコール度数…8.5度　ジャンル…半甜
http://www.chinese-ricewine.cn

绍兴师爷 18年

シャオシンシューイエ 18ねん

　1970年代設立の若き酒蔵だが、今や14の正統派紹興酒に入る「师爷酒业」。伝統的な醸造技術を重んじつつ、先進的な生産設備や検査機器も完備し、熟練の職人や上級技術者を招集して独自の味を追求している。米酒などの種類豊富なラインナップに加えて、多彩なボトルデザインも魅力的。浙江市場黄酒業界十大ブランドに選ばれるなど、確かな実績もある。

DATA
会社名…绍兴师爷酒业有限公司
産地……浙江省紹興市
原料……糯米、小麦
アルコール度数…──　ジャンル…半干
http://www.sxshiyejiu.com

太雕酒

タイディアオジョウ

　紹興の文豪・魯迅の小説に出てくる有名レストラン「咸亨酒店」。このレストランが造っている特別な黄酒が「太雕酒」だ。紹興酒においてやややドライ型に属する加飯酒とコクのある善醸酒をブレンドしている。黒みがかった酒色とまろやかでコクのある味わいは、日本に流通する紹興酒とまた違う個性で、虜になる人多し。

DATA
会社名…绍兴市咸亨酒店食品有限公司
産地……浙江省紹興市
原料……糯米、小麦
アルコール度数…14度
ジャンル…──

金丹阳黄酒
封缸酒12年
ジンダンヤンファンジョウ フォンガンジョウ 12ねん

3000年以上の歴史を持つ「金丹阳黄酒」は熟練の醸造家達によって造られる銘酒で、紹興酒同様の国家地理標志保護産品に認定されている。産地の丹陽は糯米の名産地であり、その水質は黄酒造りにも適している。酒色は透明感のある橙で香り豊か、爽やかな甘味とキレ、しつこくない余韻が特徴。国際的なコンクールでの受賞歴もあり、実績も十分。

🔥**DATA**🔥
会社名…丹阳市金丹阳酒业有限公司
産地……江蘇省鎮江市
原料……糯米など
アルコール度数…15度 ジャンル…―
🎞 http://www.jdy0511.com

玉祁双套
ユーチーシュワンタオ

「玉祁酒业」は、江蘇省無錫市の老舗黄酒メーカー。年間約25,000tという巨大な生産規模を有し、白酒の製造も手がけている。宋の時代から受け継ぐ古き良き醸造技術、木製の圧搾機や伝統的な麹の踏曲を用いる「玉祁双套」の醸造法"大酵法"は、無形文化遺産に指定。透明感のある琥珀色、まろやかな口当たりで無錫名産・特産品にも認定された。

🔥**DATA**🔥
会社名…无锡市玉祁酒业有限公司
産地……江蘇省無錫市
原料……糯米、小麦
アルコール度数…10度 ジャンル…甜
🎞 http://www.wxyqjy.cn

万珍黄酒
ワンヂェンファンジョウ

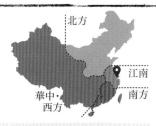

如皋市白埔は世界に知られる長寿の街で、黄酒の郷としても有名だ。「南通白蒲黄酒」のルーツは411年まで遡ることができ、黄酒博士など高等技術を持った専門家も多数在籍。多くの黄酒ブランドを生み出している。「万珍」は清爽型黄酒の創始者といわれる博士の名が由来で、全国五一労働勲章を受賞。重要なビジネスシーンの贈答品としても親しまれている。

🔥**DATA**🔥
会社名…南通白蒲黄酒有限公司
産地……江蘇省如皋市
原料………―
アルコール度数…― ジャンル…―
🎞 http://www.bphj.cn

醉文同有机谢村花雕黄酒

ズイウェントンヨウジーシエソンファディアオファンジョウ

生産元は、中国北部の黄酒名産地、陝西省で年間生産量約15,000t、従業員500人以上を抱える大規模黄酒メーカー。「南は紹興酒、北は谢村黄酒あり」と言われるほど酒質の評価が高く、代表ブランドの「谢村桥」は陝西省名牌や中国業界名品に選ばれ、銘酒として知られている。伝統製法をベースにしながら先進的なアイディアも取り入れ、低温発酵やクコ、菊花の原料使用など独自の技術によってボディ感のある上品な黄酒に仕上げている。

北方

江南

南方

華中・西方

🔥DATA🔥
会社名…陝西秦洋长生酒业有限公司
産地……陝西省漢中市
原料……糯米、小麦、クコの実、栀子など
アルコール度数…11度　ジャンル…干甜
http://www.qinyangjy.com

貴喜黄酒

グイシーファンジョウ

メーカーの「代县贵喜酒业」は1982年に創設され、昔ながらの手造り製法を重んじる郷土銘酒を多数生み出している。その中でも「贵喜黄酒」は北方黄酒の個性を彩る黍米を使用し、山西省北部から河北を繋ぐ滹沱河の柔らかで甘味のある水から造られる。色味はクリアな黄金色で、優しくまろやかな口当たり。現地では健康酒としての評価も高く、病を改善する酒としても親しまれている。

北方

江南

南方

華中・西方

🔥DATA🔥
会社名…山西省代县贵喜酒业有限公司
産地……山西省忻州市
原料……——
アルコール度数…12度　ジャンル…——
http://www.sxgxhj.com

宋派 手工黄酒

ゾンパイ ショウゴンファンジョウ

「河南宋派酒业」は2019年に設立された新進気鋭の黄酒酒蔵。齢90を超える酒造りの名士と中国酒専門家によって、宗の時代に生まれた醸造技術書の製法を復元し、その上で現代技術・設備を導入。温故知新をもって新時代を切り開く、低プリン体の黄酒を生み出した。最高級の黄小米（粟）を使用し、柔らかくて優しい風味。古き良き中国らしさと上品さが織り交ざったボトルデザインも魅力的だ。

🌺DATA🌺
会社名…河南宋派酒业有限公司
産地……河南省新密市
原料……优质小米、酒曲
アルコール度数…13度　ジャンル…半甜
https://www.songpaistyle.com

糜子黄酒

メイズファンジョウ

「安塞乡土记忆工贸」は、農作物などの生産から加工販売までを手がける総合農業会社で、地元延安の農業界を発展させるべく2018年に創立された。「糜子黄酒」の主原料は名の通り糜子（粟）で、中でも特に粘着度が高くまろやかな味わいの陝北軟糜子を用いており、柔らかくてほのかに甘い優しい味を生み出している。農業を軸に持つメーカーが造る黄酒というのも興味深く、今後の動向に注目したい。

🌺DATA🌺
会社名…安塞乡土记忆工贸有限公司
産地……陝西省延安市
原料……軟糜子、麦曲
アルコール度数…10度　ジャンル…——
http://yananhaochanpin.cn

黑谷有机干红

ヘイグーヨウジーガンホン

黄酒文化を軸に、ワインや日本酒の製法にも通じる醸造技術を取り入れた北方のパイオニア。自然豊かな地で国家地理標志保護産品として認められた一級品の洋県黒米を使用し、新世界の扉を開いている。米に含まれる高濃度のポリフェノールをふんだんに引き出す製法で、ベリー感の強い赤ワインのような味を実現。米が原料であることを誰もが疑うだろう。一時、日本にも流通して人気を博したが姿を消した。復活を望むファンは多い。

✿DATA✿
会社名…陝西朱鹮黒米酒业有限公司
産地……陝西省漢中市
原料……洋県黒米、糯米
アルコール度数…10度
ジャンル……――

黍煌黄酒

シューファンファンジョウ

白酒文化の印象が強い北京の中で希少な黄酒ブランド。ただ、2020年に設立されたという以外に情報がほぼなく、謎に包まれている。北方黄酒の特徴でもある黍米、小米を主原料とし、黄酒製造によく使われる麦曲で醸している。一般的に黍米の黄酒はスッキリとして爽やかな風味が多い中、これは日本でほぼ未流通の甜型というのが興味深い。ボトルデザインも先進的だ。

✿DATA✿
会社名…北京黍煌黄酒有限公司
産地……北京市
原料……黍米、小米、小麦、麦曲
アルコール度数…16.8度
ジャンル…甜

北方

黄关黄酒 金砖·鸿图

ファングァンファンジョウ ジンジュアン ホントゥー

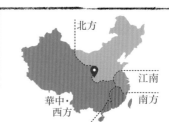

　創業者李氏の「中国5000年の伝統的な黄酒製造技術を伝承する」という熱い思いから、1986年に会社を設立。最新科学と黄酒の伝統文化を上手く融合させ、世界でも通用するトップクラスの醸造技術を武器に、今や北方黄酒を代表するメーカーになった。カラメル無添加、澱粉たっぷりの糯米と上質な水、紅皮小麦の曲によって芳醇な味わいを実現している。

🍶DATA🍶
会社名…陝西黄官酒业有限公司
産地……陝西省漢中市
原料……糯米、小麦
アルコール度数…16度 ジャンル…半甜
🏯 http://www.huangguanjiu.com

光照黄酒 东方神韵

グワンジャオファンジョウ ドンファンシェンユィン

　黄酒を生産する酒蔵が少ない北方エリアの中で、黄酒文化を着実に育み続けている貴重な存在。北宋時代の慶暦6年（1046年）には、地元で親しまれる酒として鄧州黄酒が文献に登場している。河南省最南東の内陸にある鄧州市が産地で、長江支流の丹江水で育った上質な糯米や粟、麦曲が主な原料。伝統と歴史を想起させる重厚感あるボトルデザインも印象的だ。

🍶DATA🍶
会社名…光照酒业有限公司
産地……河南省鄧州市
原料……糯米、紅酒谷、麦曲
アルコール度数…15度 ジャンル…――
🏯 http://www.guangzhaohj.com

北宗黄酒

ベイゾンファンジョウ

　黄酒文化の少ない河北省で2010年に創業した新星の酒蔵。「粟で酒は造れない」と言われる中、伝統製法を重んじながら新たな境地に挑戦し、通説を見事打ち破った。有機栽培の小米（粟）を独自の配合で受粉させて育てた「張雑谷」は、通常の粟より栄養価も高く上質。今では中国の無形文化遺産として認定され、張家口市の特産品になっている。

🍶DATA🍶
会社名…中健北宗黄酒酿造张家口股份
　　　　有限公司
産地……河北省張家口市　原料……――
アルコール度数…―― ジャンル…――
🏯 http://www.bzhj.com.cn

江公黄酒

ジアンゴンファンジョウ

蒋家18代にわたって受け継がれる東北黄酒。主原料や使用陶器を厳選するなど上質な黄酒を造り出す6項目が掲げられた"古遺六法"を継承しており、無形文化遺産にも認定され東北黄酒文化を担っている。自然にこだわり、添加物ゼロで本来の風味を追求。近年は消費者の低アルコールや健康志向に注目し、新たな黄酒造りにも積極的な姿勢を見せている。

❀DATA❀

会社名…江公酒业大连有限公司
産地……遼寧省大連市
原料……──
アルコール度数…──
ジャンル…──

雁同府黄酒

セントンフーファンジョウ

国家が認める無公害農産物地域、山西省天鎮県。標高1000m以上の高地、四季折々の表情豊かな気候、肥沃な土壌と28の微量元素が含まれるという清澄な水質まで、黍米（きび）の栽培に適した環境が整っている。1600年前の北魏の時代から続く醸造文化を堅実に守り、純手造りの製法によって本来の味を醸す。黄金色の酒色とフレッシュで爽快な味わいが特徴だ。

❀DATA❀

会社名…大同市雁同府黄酒
　　　　有限責任公司
産地……山西省天鎮県
原料……──
アルコール度数…── ジャンル…──

兰陵美酒

ランリンメイジョウ

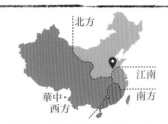

産地は山東省にあり、従業員数2000名を超える一大酒造メーカー。著名な醸造家や先進的な科学技術が集結し、国際的なコンクールを含めて多数の受賞歴を持つなど、黄酒文化を牽引する酒蔵のひとつといえる。糯米や黍米、紅棗（ナツメ）などを原料とし、12度という低アルコール度数で軽やか。女性でも親しみやすい味わいを目指して生み出された。

❀DATA❀

会社名…山東兰陵美酒股份有限公司
産地……山東省蘭陵県
原料……糯米、黍米、小麦、紅棗など
アルコール度数…12度 ジャンル…──
http://www.lanling.cn

沉缸酒 十五年

チェンガンジョウじゅうごねん

「沉缸酒」は全国評酒会で3度の金賞を獲得した唯一の黄酒ブランドで、黄酒之冠と評された南方代表の銘酒。先祖伝来、秘伝の配合で約30種の漢方を混ぜ込んだ薬曲と、糖化力が強いといわれる紅曲を使用。製法の過程でアルコール高度の米酒を投入する、酒精強化ワインに似た手法が特徴的だ。濃醇でまろやかだが、ただ甘いのひと言では終わらない多彩な風味で慈しみ深い。一時、日本に流通したが今は姿を消した。

北方

江南

華中・西方

南方

🔥DATA🔥

会社名…福建龙岩沉缸酒业有限公司
産地……福建省竜岩市
原料……糯米、薬曲、紅曲
アルコール度数…15度　ジャンル…甜
http://www.fujianfood.net/Company/Index/xycg40

朱子黄酒

ジューズファンジョウ

1956年に設立し、高等技術を持つ醸造家や品酒師（黄酒ソムリエ）、ブレンダーなどが集結してハイクオリティな酒を生み出し続けている「福矛酒业」。白酒を主力とした酒造集団が醸造する南方黄酒は、黄酒10大ブランドのひとつと数える媒体もあるほど高評価を得ている。醸造技術もさることながら、南方特有の紅曲や世界遺産である武夷山の水を原料としている点も酒質を高める所以だ。

北方

江南

華中・西方

南方

🔥DATA🔥

会社名…福建福矛酒业有限公司
産地……福建省南平市
原料……糯米、紅曲
アルコール度数…14度　ジャンル……
https://www.fumaojituan.com

珍珠红

ジェンジューホン

世界でも名高い食文化を誇る広東地域で、このような先進的な黄酒があることに驚き、可能性を感じずにはいられない。大まかな製造工程や原料は古来の文化を踏襲している。しかしながら杉の甑(こしき)で米を蒸し、竹で編んだ籠で濾過、甕で3ヶ月熟成した後は木樽熟成といった工程には、他の黄酒メーカーでは見られないこだわりが感じられる。ボトルデザインやパッケージもキャッチーで現代風なデザインだ。今後のさらなる発展が楽しみな黄酒メーカーである。

北方
江南
南方
華中・西方

爽DATA爽
会社名…広東明珠珍珠红酒业有限公司
産地…広東省梅州市
原料……
アルコール度数…── ジャンル…──
https://www.pearlred.com/cn/

井冈山红米酒

ジンガンシャンホンミージョウ

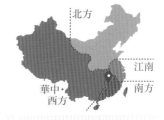

北方
江南
南方
華中・西方

中国における革命発祥の地として知られる井冈山で、紅米を使った独特な黄酒が造られている。紅米はタンニンが豊富でアミノ酸やビタミン、有益な微量元素などを豊富に含み、栄養価も高い。その紅米と井冈山の清らかな水、伝統製法と現代科学が相まって醸される酒の味は、柔らかさがありながらスッキリと爽快。多くの黄酒愛好家に親しまれている。

爽DATA爽
会社名…江西井冈酒业有限责任公司
産地……江西省吉安市
原料……紅米など
アルコール度数…── ジャンル…──
http://jiushui1547.jiushuitv.com

惠泽龙 贵宾尊享

ホイズーロン グイビンズィンシアン

　福建省最北端の都市であり国家最高級の景勝地、白水洋・鴛鴦渓のある寧徳市で明の時代から紅曲黄酒文化を継承。1993年に設立されて以降、代表酒「惠泽龙紅曲酒」が国家無形文化遺産に認定されるなどさまざまな受賞歴を誇り、2017年に廈門で開催されたBRICS会合では宴会酒として用いられた。紅曲黄酒らしく色味や味わいが爽やかで柔らかい印象。余韻は心地よく伸びやかだ。

北方
江南
南方
華中・西方

🀄DATA🀄
会社名…福建惠泽龙酒业股份有限公司
産地……福建省寧徳市
原料……糯米、紅曲
アルコール度数…12度　ジャンル……ーー
http://www.hzlwine.com

纯粮米酒 10年

チュィンリアンミージョウ 10ねん

　漢民族支流の客家族（はっかぞく）に伝わる米酒製法と、紹興酒の伝統的な製法が融合して生まれた「纯粮米酒」。2つの文化が交じり合うことで、純粋な穀物由来の旨味や親しみやすい口当たりだけでなく、余韻に心地よい複雑味をもたらしている。「瑞金客佳紅醸造股份」の酒蔵は、市政府主導のもと2016年に広大な敷地に建立された。南昌大学やさまざまな科学研究所などと協力しながら、黄酒だけでなく白酒、料理酒まで幅広い酒造を手がけている。

北方
江南
南方
華中・西方

🀄DATA🀄
会社名…瑞金客佳紅醸造股份有限公司
産地……江西省贛州市
原料……ーー
アルコール度数…ーー　ジャンル……ーー
http://www.kjhnz.com

陈谱黄酒

チェンプーファンジョウ

　米に紅麹菌を繁殖させた紅曲は、主に暖かい南方で親しまれている。「陈谱黄酒」は元祖といわれる古田紅曲を麹として使用。高アルコールが苦手な人をターゲットとし、13度ほどで柔らかい味わいだ。「宁徳陈香酒业」は2008年に始動してから着実な成長を遂げ、寧徳市観光客の10大人気産品や福建省品評会で銀賞に選ばれるなど年々評価が高まっている。

★DATA★
会社名…宁徳陈香酒业有限公司
産地……福建省寧徳市
原料……糯米、古田紅曲
アルコール度数…約13度
ジャンル……――

洞山黄酒

トンシャンファンジョウ

　宜豊県洞山の低温多湿な環境で育まれ、かつて皇帝に献上し地元米の中で最高級と認知されていた糯米「貢米」で造る黄酒。伝統製法を用い、洞山の麓にある常時低温の洞穴で180日以上熟成。自然の力を活用して生まれた風味は多彩で芳醇だ。江西省の代表ブランドとして省の著名商標を取得し、中国国家が認める老舗企業、「中国老字号」に認定されている。

★DATA★
会社名…江西省宜丰洞山酒业有限公司
産地……江西省贛州市
原料……糯米など
アルコール度数…12度　ジャンル……――
http://www.jxdongshan.com

客家純宮 黒姜

クージァアチュンクー　ヘイジャン

　広東山奥に居住した客家族が造る限定生産の希少酒だ。白糯米と黒糯米を合わせ、生姜をたっぷり使用するのが特徴だ。南方黄酒らしく濃醇でコクがありながら、生姜が効いて口当たりと余韻は意外にも爽快。ロックから熱燗までさまざまな飲み方で楽しめる。角煮や四川料理などパンチのある味の他、食後のデザートと合わせるのも良い。

★DATA★
会社名…渊源客家酒业有限公司
産地……広東省梅州市
原料……白糯米、黒糯米、特製酒曲、黒豆、生姜
アルコール度数…14度　ジャンル……――
https://yuanyuankjjy.spdl.com

庐陵王 房县黄酒

ルーリンワン　ファンシアンファンジョウ

　湖北省北西部に位置する十堰市房県は黄酒名産地で、家庭でも日常的に酒が造られており黄酒街という別名もあるほど。その地で親しまれる「房県黄酒」は、雪色でふっくらした高級糯米と丁寧に造られた手造りの曲、清らかな山の泉から造られる。アルコール度数が10〜15度と低く、透明感のある色で優しく穏やかな味わい。2013年に湖北省の無形文化遺産に認定され、2014年には紹興酒と同じ国家地理標志保護産品の仲間入りを果たした。

🀫DATA🀫
会社名…湖北庐陵王酒业有限责任公司
産地……湖北省十堰市
原料……——
アルコール度数…12度　ジャンル…——
🕮https://mall.jd.com/index-907096.html

五山池黄酒

ウーシャンチーファンジョウ

　中国西北部のシルクロード、チベット族など少数民族が多数住む臨夏回族自治州で醸される希少な黄酒。上質な北方黄米、太子山の豊富な雪から生まれる新鮮な水などが主原料。爽快な甘味と酸味が特徴で、現地では栄養豊富で健康にも良いといわれている。酒蔵創立から約40年、1995年に全国新製品展示会で「西北エリアで名高い美酒」と称され、さまざまな賞も獲得している。

🀫DATA🀫
会社名…甘肃五山池黄酒有限责任公司
産地……甘粛省臨夏回族自治州
原料……——
アルコール度数…——　ジャンル…——
🕮https://wschj.spdl.com

地封黄酒

ディフォンファンジョウ

「灵鹿酒业」は2012年、湖北省無形文化遺産である黄酒文化の継承者として認められた現会長の魏兆合氏が設立。湖北省の中でも襄陽市は黄酒生産が特に盛んで、旧暦8月15日になると民家で黄酒造りが始まるという慣習があるそう。「地封黄酒」は襄陽市で先祖代々受け継がれてきた黄酒で、地元産の糯米を使用し、アルコール度数が8度と低度。老若男女問わず飲みやすい軽やかな風味で、地元を中心に幅広く親しまれている。

DATA
会社名…枣阳市灵鹿酒业有限公司
産地……湖北省襄陽市
原料……——
アルコール度数…8度
ジャンル…——

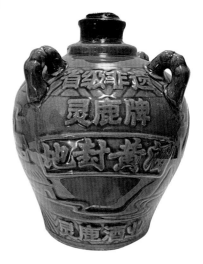

银明黄酒

インミンファンジョウ

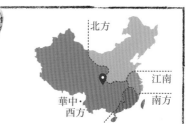

希少な四川の黄酒ブランドでありながら年間生産量約30,000tの製造力を持つ「仪陇银明黄酒」。中国国内で、個性があり経済に貢献した企業に送られる全国五一労働勲章を受賞し、南充市内で人気の10大ブランドのひとつに数えられるなど多様なシーンで評価されている。上質な糯米を使用し、クリアな酒色で芳しい香りと多彩な味わいが特徴。

DATA
会社名…四川省仪陇银明黄酒
　　　　有限责任公司
産地……四川省南充市　原料……——
アルコール度数……——　ジャンル…——
http://jiushui2991.jiushuitv.com

133

凤和黄酒

フォンフーファンジョウ

　白酒文化が根強い四川の地で誕生し発展する、孤高の黄酒ブランド。成都市の東部に位置する南充市は、四川における黄酒文化発祥の地ともいわれており、その中で「凤和黄酒」は黄酒醸造専門書を仕上げた胡普信氏からも高い評価を得たという。白酒産地らしく原料にモロコシやえんどう豆、緑豆などさまざまな種類が見られるのが面白い。これまでの、四川＝白酒の常識を覆すようなアクションに期待したい。

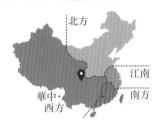

北方

江南

南方

華中・西方

🌺DATA🌺
会社名…四川凤和黄酒有限公司
産地……四川省南充市
原料……紅米など
アルコール度数…15度　ジャンル…──
🌐 https://fenghehuangjiu.spdl.com

米襄阳黄酒

ミーシアンヤンファンジョウ

　湖北省襄陽市には特産品として、日本における甘酒のような低アルコールの濁り酒があるが、それとは別物。「米襄阳黄酒」は"黄酒こそが中国酒文化の礎"という誇りと伝統を重んじて生まれた酒である。糯米を酒薬、紅曲で醸し、カラメルなどの添加物は一切加えない。低温でじっくり時間をかけながら発酵を促し、丁寧に造られる黄酒も特産品としてふさわしい逸品といえるだろう。

北方

江南

華中・西方

南方

🌺DATA🌺
会社名…湖北米襄阳酒业有限公司
産地……湖北省襄陽市
原料………──
アルコール度数……──
ジャンル…──

惠水黑糯米酒

ホイシュイヘイノーミージョウ

　多種の少数民族が住み、著名な白酒を輩出している貴州省。その南部に位置する自治州で稀有な黄酒文化が育まれていた。原料は定番の白糯米ではなく、アントシアニンやビタミンなどの栄養素が豊富な黒糯米を採用し、まさにエキセントリック。国家地理標志保護産品に認定され、貴州の銘酒たるポジションを確立した。調和の取れた甘味と酸味が特徴で、さまざまな面で他の黄酒とは異なる個性が溢れている。

🔥DATA🔥
会社名…貴州永红酒业有限公司
産地……貴州省黔南ブイ族
　　　　ミャオ族自治州
原料…黒糯米など
アルコール度数…――　ジャンル…――

米酒坊老米酒

ミージョウファンラオミージョウ

　湖北省は有名な米どころで、3000年の歴史を持つ古式製法で造られる湖北米酒は、多くの地元民に親しまれている大衆酒だ。老酒は通常、熟成させた黄酒を示すが、米酒は熟成しないため乳白色でアルコール度数が低く、優しい甘味があって飲みやすい。さらに「米酒坊老米酒」は名の通り発酵に長期間を要し、奥深い味わいを実現している。市内には試飲場も設けられており、気軽に味をみることができる。

🔥DATA🔥
会社名…湖北米酒坊酒业有限公司
産地……湖北省黄岡市
原料……――
アルコール度数……――
ジャンル……――

黄酒とスイーツ

この黄酒とペアリング
雲集
詳しくは104ページ

塩ぜんざい

◉材料(2人分)
白玉粉…100g
水…80ml

A
茹で小豆缶…200g
水…100ml
きび砂糖…大さじ2
塩…小さじ⅓

◉作り方

1 ボウルに白玉粉と水を入れてよくこね、一口大の団子を作り、真ん中を少し凹ませる。

2 鍋にAを入れて一煮立ちしたら火を止める。

3 別の鍋にたっぷり湯を沸かして1を茹で、火が通ったら氷水で冷やして器に盛り、2をかける。

don(著者)と今井(料理家)の ペアリングPOINT

don スイーツに合わせられるのは、まろやかな黄酒だからこそ。あんこの甘味が黄酒の奥にある酸味を引き出し、後口は意外にもさっぱり。

今井 ただ甘いぜんざいにすると黄酒と馴染み過ぎて特徴がなくなりますが、塩を効かせることで互いにおいしさを増していきます。

この黄酒とペアリング
即墨老酒 焦香型
詳しくは106ページ

バニラアイスの黄酒かけ

濃厚なバルサミコ酢がバニラアイスに合うように、特徴的な黄酒はスイーツにもおすすめ。燻製香のある「即墨老酒 焦香型」をかけると甘味の奥に香ばしさを感じ、大人っぽいアイスになります。ホイップクリームに混ぜるのも◎。

紹興酒と スイーツ

半干タイプの紹興酒はチーズを使った
スイーツ系のおつまみや、
味噌香るスナックとも好相性。
紹興酒の楽しみ方が広がります。

ペアリングPOINT

濃縮した杏の甘味と酸味、
クリームチーズの酸味と発
酵感が、紹興酒の味わいに
マッチング。食後に楽しみ
たい組み合わせ。

杏チーズ

◉材料(2人分)
干し杏…6個
クリームチーズ…3個(約50g)
粗挽き黒胡椒…少々

◉作り方
1 クリームチーズは室温に戻し、黒胡椒を混ぜ
合わせる。

2 杏は横に切り込みを入れ、1を挟む。

138

葱味噌パイ

●材料(2人分)
冷凍パイシート…½枚

A
長葱(みじん切り)
　…1¼本分
味噌…大さじ1
醤油、砂糖
…各小さじ1

●作り方
1　パイシートは冷蔵庫で解凍する。Aは混ぜる。
2　パイシートを横長において、フォークでまんべんなく
　穴をあけ、Aを塗る。縦に12等分に切り、200℃に予熱
　したオーブンで10〜12分焼く。

ペアリングPOINT
しょっぱいスナック系おつま
みには紹興酒と相性の良い
味噌を使って。焦げた風味が
紹興酒でマイルドになるか
ら不思議。

取り扱い業者一覧 (50音順)

※Part2「日本流通の注目黄酒」で紹介している黄酒を対象にしています。

品質にこだわったアジア食品の販売、輸入代行

華僑服務社

〒169-0073　東京都新宿区百人町2-11-2

03-5338-5131

(アジアンストア) https://www.kakyo.asia/

中国酒・リキュール類の製造、販売メーカー

株式会社永昌源

〒164-0001　東京都中野区中野4-10-2 中野セントラルパークサウス

03-6748-7981(代)

https://www.eishogen.co.jp

中国の食材、雑貨などの輸出入販売、および紹興酒製造、販売メーカー

株式会社健興通商

〒101-0051　東京都千代田区神田神保町2-2-15 新世界ビル4階

03-3239-3321

http://www.kenkoh-t.com/

味覇など中国の料理素材、中国酒、中国茶の輸出入販売

株式会社廣記商行 (東京支社)

〒143-0003　東京都大田区京浜島2-16-9

03-5755-2180 (代)

http://koukishoko.co.jp

中国料理店「黒猫夜」などや、中国酒のオンラインショップ「旨仙」を運営

株式会社太郎

〒107-0052　東京都港区赤坂3-11-14 ベルゴ602

📞 03-6277-8005

💻 http://www.taroo.biz

70年の歴史がある、中華に特化した食材卸専門会社

株式会社中華・高橋

〒135-0022　東京都江東区三好4-7-18

📞 03-3820-0030(代)

💻 http://www.chutaka.co.jp

中華材料、中国銘酒、その他業務用食品全般の輸出入

興南貿易株式会社

〒206-0804　東京都稲城市百村2129-32

📞 042-370-8881

💻 https://konantrg.sakura.ne.jp

ワインを基軸商品に幅広い酒類、嗜好品を扱う専門輸入商社

コルドンヴェール株式会社

〒983-0852　宮城県仙台市宮城野区榴岡3-7-35 損保ジャパン仙台ビル8階

📞 022-742-3120

💻 https://www.cordonvert.jp/japanese/

各種酒類、清涼飲料水の製造・販売を中心に幅広い事業を展開

サントリーホールディングス株式会社

〒530-8203　大阪府大阪市北区堂島浜2-1-40

📞（サントリーお客様センター）0120-139-310

💻 http://www.suntory.co.jp

歴史ある「中国紹興黄酒集団有限公司」の日本代理店

紹興酒ジャパン株式会社

〒230-0012　神奈川県横浜市鶴見区下末吉5丁目21-18-2

📞 045-633-8936

酒類、酒精、調味料、その他の食料品および食品添加物の製造・販売

宝酒造株式会社

〒612-8061　京都府京都市伏見区竹中町609番地

📞（宝ホールディングス株式会社 お客様相談室）0120-120-064

中国・台湾から600種超の食品を輸入。
倉庫管理、卸販売、各地への輸送を行う

東永商事株式会社

〒231-0801　神奈川県横浜市中区新山下3-2-9 1階

📞 045-625-3658　💻 http://toeitradingcoltd.com

中国酒、紹興酒各ブランドの日本代理店。
卸業者、小売店、空港免税店へ展開

日和商事株式会社

〒150-0002　東京都渋谷区渋谷3-1-15
☎ 03-5778-4321　💻 http://www.nichi-wa.co.jp

横浜中華街で創業25年。紹興酒、中国酒、中華食材・調味料などを販売

有限会社東方新世代

〒231-0866　神奈川県横浜市中区柏葉18 1階
☎ 045-226-2302(代)
💻（東方新世代楽天市場）http://www.rakuten.co.jp/shoukoushu/

中国、台湾、ベトナム、タイなど、アジア各国から本場の食材、
酒類を輸入および国内販売

友盛貿易株式会社

〒231-0011　神奈川県横浜市中区太田町2-31-1 友盛ビル2・3階
☎ 045-226-2298　💻（アジアンストア）https://www.eyusei.com

中華野菜を使った、手作りにこだわる台湾料理店

光春

〒155-0032　東京都世田谷区代沢2-45-9 飛田ビル1階
☎ 03-3465-0749
💻（公式Facebook）http://www.facebook.com/koushun.page
※本書で紹介している黄酒は、店内で購入できます。

東京都内7店舗。素材にこだわる四川料理のパイオニア

陳家私菜

赤坂2店、五反田店、秋葉原店、有楽町店、新宿店、渋谷店があります。
各店の住所・電話番号は、ホームページを参照ください。
💻 https://chin-z.com
※本書で紹介している黄酒は、店内および通販サイトより購入できます。店により内容が異なる場合があります。

著者：門倉郷史

中国酒探究家。神奈川県相模原市出身。赤坂や六本木で展開する中華郷土料理店「黒猫夜」に9年在籍。その間、黄酒専門店「酒中旨仙」の責任者を兼任し、黄酒への好奇心が年々深まる。紹興酒産地での酒蔵見学や中国酒の技術書などから情報をひもとき、現在はフリーで黄酒の啓蒙活動を行なう他、WEBサイト「八 -ba-」で情報発信中。日本酒と黄酒の繋がりにも興味を持ち、日本酒を化学的に分析した授業が受けられるインフィニット・酒スクールにて1年半個別講座を受け、湘南で唯一の酒蔵「熊澤酒造」での勤務経験も持つ。

料理：今井亮

料理家。京都府京丹後市出身。高校を卒業後、京都市内の老舗中華料理店で修業を積み東京へ。フードコーディネーター学校を卒業後、料理家のアシスタントなどを経て独立。雑誌、書籍、テレビなど幅広く活動中。身近な食材でも小技を効かせて、お店の味を気兼ねなく作れるレシピは男女問わず幅広い年代から支持を得ている。1女の父としても家事、育児に奮闘。近著に『旬中華』（グラフィック社）、『炒めない炒めもの』（主婦と生活社）など。

撮影	平野愛（p.7、18、Part2）、鈴木泰介（表紙、レシピページ）
デザイン	福島巳恵
スタイリング	西﨑弥沙（レシピページ）
調理アシスタント	コバヤシリサ
校正	文字工房燦光
編集	須永久美
写真協力	門倉郷史、福島巳恵、绍兴国稀酒酿造有限公司
食器協力	株式会社木村硝子店（東京都文京区湯島 3-10-7 TEL 03-3834-1782）

紹興酒をはじめ中国地酒を約120種　製法・味の特徴・ペアリングまで

黄酒入門

2023 年 9 月 14 日　発　行　　　　　　　　　　　　　　NDC588.53

著　　　者	門倉郷史
発　行　者	小川雄一
発　行　所	株式会社 誠文堂新光社
	〒113-0033 東京都文京区本郷 3-3-11
	電話 03-5800-5780
	https://www.seibundo-shinkosha.net/
印刷・製本	図書印刷 株式会社